情報社会と共同規制
インターネット政策の国際比較制度研究

生貝直人

勁草書房

はしがき

　インターネット上で絶え間なく実現される新たなサービスやビジネスモデルは，我々の生活を飛躍的に豊かにすると同時に，著作権やプライバシー，青少年の保護といった多くの課題をも生み出し続ける．そしてグローバル性や技術進化の速度に代表される情報社会の特性は，政府による命令と統制に基づく典型的な直接規制（direct-regulation）によって，その解決を行うことすら困難としている．本書は，インターネット上で生じる多様な政策課題への対応において，近年 EU を中心として関心を集める「共同規制（co-regulation）」という概念を主題とした，我が国で初めての書籍である．

　共同規制とは，端的にいえば，企業や業界団体が行う自主規制（self-regulation）に対し，政府が一定の介入・補強を行うことによって，公私が共同で問題を抑止・解決していく政策手法を意味する．その実像を多面的に明らかにし，我が国における今後の情報政策のあり方に対する議論の基礎を提示するため，共同規制を用いた政策的実践を積み重ねる EU（特に英国），相対的に市場の自律性を重視した自主規制での対応を進める米国，そして我が国の法政策を比較検討する作業を行う．具体的には，通信と放送の融合に対応したコンテンツ規制，拡大するモバイル環境やネットコミュニティにおける青少年保護，消費者の行動履歴を利用するライフログ技術におけるプライバシー保護，動画共有サイトや音楽配信プラットフォームの著作権問題といった，まさに今現在，世界各国で議論の焦点となっている課題を中心に議論を進めていく．

　本書は基本的に研究書という位置付けであるため，同分野の研究者や情報政策に関わる実務家が主な想定読者となる．しかし，EU や米国等の外国法になじみのない方々にとっても極力読みやすい記述を心がけている．このような分

野に関心を持つ学部生や大学院生にも，諸外国においてインターネット上の新しいサービスに対してどのような規制がなされているのかを概観するためのお役に立てていただければと思う．

　筆者がこのテーマに取り組むようになったきっかけは，いわゆる伝統的な法学のそれとは少し異なる．もともとインターネットに関わる法制度よりも，ビジネス・産業面，特にイノベーションの促進という問題に関心を持っていたこともあり，当初の問題意識は，従来政府が担ってきた規制という行為を，イノベーションの担い手である市場自身にどこまで委ねることができるか，つきつめて考えてみたいというものであった．1980年代以降，世界各国で公共サービスの民営化が進められてきたように，規制という行為も市場へのアウトソースを進めることによって，より効率的なガバナンスが可能になるのではないか．特に技術進化と社会変動が激しく，国際的な取引やコミュニケーションの拡大により，一国政府の規制能力すらも相対化される情報社会では，その必要性は一層高いはずである．

　しかし自主規制という現象を注意深く観察し，研究を進めれば進めるほど，そのメリット以上に，不完全性や危うさも明らかになってくる．政府が万能ではないように，市場も万能ではありえない．ましてや人々の権利利益を制約する規制という行為を，いまだ未成熟なインターネット産業に委ねることがはたして可能なのか．政府の統治機能を私人に委ねることは，村社会やギルドなどの私的権力が強かった近代以前への先祖返りにすぎないのではないか．さらに既存の私企業によって形成される自主規制は，潜在的な競争者を排除するように機能するおそれもある．市場の力を過信することは，情報社会に求められるはずの活発なイノベーション，そして何よりも我々ひとりひとりの自由の拡大を，むしろ阻害することにはならないか——．共同規制とは，このような「インターネットの秩序を"誰が"形成していくべきか」という問いに対して，市場の行う自主規制の利点を活かしつつ，その欠点やリスクを政府が補強するという，いわば第三の道を作り出していこうとする考え方である．

　近年の我が国におけるインターネット関連の法政策を見ても，たとえば携帯電話へのフィルタリング機能の搭載や，ライフログサービスのプライバシー保

護などで，民間の自主規制を促し，それに対して政府が介入を行うという，実質的に共同規制と近い方法論が広く採られ始めている．しかし，我が国でこれまで行われてきた自主規制の多くは，個別省庁と業界の間での長期的関係に基づく，暗黙的な相互協力によって構築・維持されてきたため，インターネットのような変化の激しい分野にどれほど適用可能であるかは定かではない．特にインターネットのグローバル性，そして現在主要なソフトウェアやプラットフォームの多くが米国のIT企業によって提供されている事実は，これまでの日本的な公私関係の維持を一層困難とするだろう．情報社会がもたらすこのような新たな状況に対応するため，従来から行われてきた自主規制に関わる政策手法をより明確に特定し，新規参入企業や外国企業，そして消費者にも透明な公私関係を実現しようとするEUの共同規制の政策的実践は，我が国の今後の法政策に対して多くの示唆を与えると考えられる．

　第三の道を進むことは，慣れ親しんだ伝統的な方法論を採るよりも，多くの点で困難をともなうことも事実である．本書が情報社会のガバナンスにおける，公私の協力関係という課題を再考するにあたっての，1つの視点を提供できれば幸いである．

生貝直人

情報社会と共同規制
インターネット政策の国際比較制度研究

目　次

目次

序 章 情報社会における公と私 … 1
1. 問題の所在——伝統的規制の限界と新たなガバナンス手法の台頭　1
2. 本書の特徴——公私の相互作用に対する実質的理解　3
3. 本書の構成　6

第Ⅰ部　政府規制，自主規制，共同規制

第1章　自主規制から共同規制へ … 11
1.1　情報社会における自主規制の必要性　11
1.2　自主規制のリスク　17
1.3　共同規制の概念　22

第2章　共同規制のフレームワーク … 29
2.1　共同規制のコントロール・ポイント　29
2.2　共同規制の2面性　38
2.3　自主規制に対する公的統制の手段　47

第Ⅱ部　「団体を介した」共同規制

第3章　通信・放送の融合とコンテンツ規制 … 53
3.1　インターネット上の放送類似サービス　53
3.2　視聴覚メディアサービス（AVMS）指令　55
3.3　英国における共同規制を通じた国内法化　61
3.4　検討——我が国との対比を念頭に　66
3.5　小括　69

第4章　モバイルコンテンツの青少年有害情報対策 … 70
4.1　第三者機関を通じた共同規制　70
4.2　国際的な対応枠組　75
4.3　英国における共同規制　76

4.4　米国における自主規制　　79
　　4.5　英米の整理と検討　　81
　　4.6　小括　　84

第5章　行動ターゲティング広告のプライバシー保護……………………86
　　5.1　オンライン・プライバシーと自主規制　　86
　　5.2　米国における自主規制の展開　　89
　　5.3　EU・英国における共同規制　　95
　　5.4　国際的な自主規制枠組の構築　　99
　　5.5　米英のガバナンス構造の対比　　100
　　5.6　我が国の法政策の方向性　　103
　　5.7　小括　　105

第Ⅲ部　「団体を介さない」共同規制

第6章　UGC・P2Pにおける著作権侵害への対応………………………109
　　6.1　プロバイダ責任制限法制の現代的課題　　109
　　6.2　欧米の制度枠組　　113
　　6.3　過剰削除を巡る課題　　119
　　6.4　ブロッキング技術導入を巡る問題　　121
　　6.5　ISPレベルでの対応　　127
　　6.6　我が国の状況との対比　　131
　　6.7　実効的コントロールと弊害の抑止　　134
　　6.8　小括　　140

第7章　SNS上での青少年保護とプライバシー問題……………………142
　　7.1　SNSの普及と制度的課題　　142
　　7.2　直接規制，自主規制，それぞれの困難　　146
　　7.3　EUの対応　　147
　　7.4　米国における共同宣言　　153

7.5　小括　156

第 8 章　音楽配信プラットフォームと DRM………………………………………… 158
8.1　DRM の制度的補強と相互運用性　158
8.2　多面市場（Multi-Sided Market）としての iTunes　160
8.3　iTunes FairPlay への抵抗措置　165
8.4　プラットフォームの規制可能性　169
8.5　小括　173

第 IV 部　制度設計

第 9 章　共同規制方法論の確立に向けて………………………………………… 177
9.1　共同規制の構造要件　177
9.2　生じうる弊害への対応　183
9.3　透明性の確保　187
9.4　共同規制枠組の構築　193

参考文献　201
あとがき　217
初出一覧　220
索引　221

序　章　情報社会における公と私

1　問題の所在――伝統的規制の限界と新たなガバナンス手法の台頭

　グローバル化と情報社会の進展を主な要因として，社会・経済のガバナンスにおける国家の役割の限界が指摘されて久しい．それにともない，政府による通常の直接規制（direct regulation）の適用が困難なインターネット関連の法政策分野において，政策目的の実現のために企業や業界団体等のイニシアティブを積極的に活用しようとする，「自主規制（self-regulation）」という手法が広く採られるようになってきている[1]．すでに欧州や米国を中心とした諸外国においては，自主規制に対する比較的強度の公的補強措置をともなう共同規制（co-regulation），規制された自主規制（regulated self-regulation, Schulz and Held [2004]），あるいは応答的規制（responsive regulation, Ayres and Braithwaite [1992]）など，用いられる用語こそ多岐にわたるものの，自主規制を基盤とした政策手法の確立のための実践と，社会科学的研究の蓄積が進みつつある．
　しかし我が国において，自主規制という概念に対し，政府自身に加えそこでイニシアティブを発揮するべき立場にある民間の事業者，その影響を受けるインターネット利用者のそれぞれが，どれだけの共通理解を有しているかには疑問がある[2]．自主規制に基づく政策手法は，直接規制のような「規制主体とし

---

[1]　本書で単に自主規制というときは，原田［2007: 239］によって論じられるような，「国家によって選択・利用される政策手段」としての自主規制を指す．
[2]　自主規制のような私人が形成するルールの性質や政策手法としての位置付けに関する法学的研究としては，我が国では東京大学大学院法学政治学研究科 COE「国家と市場の相互関係におけるソフ

ての政府—規制客体としての私人」という単純な二項対立には完結せず，社会に存在するさまざまなステイクホルダーとの複雑な相互依存関係の中で実現されることから，その複雑性は直接規制以上に大きなものとなる．そしてそれがゆえに，異なる環境における制度の運用実態を子細に観察し，比較検討を行ったうえで制度的枠組の構築と改善を行うことが必要となる．

　草創期のインターネットは，公権力から一定の距離を置いた形で発展してきた．しかし，その社会・経済的基盤としての重要性の高まり，さらには十分な判断能力を持たない青少年の利用が拡大するにともない，従来のセルフ・ガバナンスの統治構造をより公式化し，民主的なコントロールを及ぼしていくことが不可避であることは，国際的にもコンセンサスが生まれつつある[3]．そのような漸進的な制度形成の方法論として，自主規制を用いた政策手法は多くの点で有用性を持つだろう．しかし自主規制という政策手法により規制行為を私人に委ねることは，民主的プロセスに基づくルール形成からの逸脱を意味する．表現の自由のような重大な人権に関わる問題についてはもとより，あらゆる局面においてその実効性や効率性，そして公正性などに関して十分な注意が払われなければならない．

　本書の目的は，このような民間の自主規制に対する一定の公的コントロールに基づく規制手段を「共同規制」と定位し，特に情報社会における共同規制の本質を「特定の問題に対応するにあたり，効率的かつ実効的なコントロール・ポイントを特定し，それらが行う自主規制に対し一定の公的な働きかけを行うことにより，公私が共同で解決策を管理する政策手法」（第2章）と再定義したうえで，それに基づく情報政策手法の洗練と，体系的な理解の構築に向けた作業を行うことである．

　トロー」による『ソフトロー研究叢書』1～5巻（有斐閣，2008年～），公法学では原田 [2007] など徐々に体系的な研究成果が公開され始めているが，情報社会との関係性を包括的に論じたものは，いまだ限られているのが現状である．

3) セルフ・ガバナンスの原則で発展してきたインターネットに対して政府の直接規制が進められ，その実効的あるいは憲法的限界が明らかになる中で，民間の自主規制を利用する規制手法が拡大してきた経緯については Tambini et. al. [2008: 1-19] 等を参照．

2 本書の特徴——公私の相互作用に対する実質的理解

本書は，以下の5つの要素によって特徴付けられる．

①第一に，私人の形成する自主規制と，それに対して監視・是正等の介入を行う政府の間での相互作用に基づく秩序形成に焦点を当てる[4]．第1章で詳述する通り，情報社会における各種の制度的課題に対応していくためには，私人の行う自主規制が不可欠な役割を果たす．しかし我が国における情報法政策研究の分野においても，このような私人の活動が秩序形成に果たす役割への理解の蓄積はいまだ限られている．本書は，情報に関わる制度・政策研究においてこれまでさほど重視されてこなかった，私人によるルール形成・実行化（エンフォースメント）といういわば「制度の裏側」に焦点を当てることにより，情報社会の秩序のあり方を総体として明らかにする作業ということができる．さらにそのような自主規制は，政府の何らかの関与を受けて，情報社会において生じる多様な問題を抑止・解決するための政策ツールとしての位置付けをも帯び始めている．しかし企業や団体の行う自主規制は，それ自体が当該主体にとっての商業的・市場的判断としての性質を持つことになるため，政府の側が意図した通りの振る舞いを行わせることは必ずしも容易ではない．情報社会におけるルール形成とは，国家の側がすべてを統御するのではなく，また私人の側が完全な決定権を持つのでもない．公と私の相互作用と共同作業のプロセスの中においてこそ，その本質は見出されるのである．

②第二に，ケーススタディの重視である．公と私の間での複雑な相互作用を理解し，現実の制度設計に必要な知見を見出していく作業は，現実に機能しているルールそのものに焦点を当てることのみによってはなしえない．本書においても，我が国を含む各国においてどのような制度が存在するか（主に第Ⅱ・Ⅲ部），

---

[4] 国家と市場，そしてNPOをはじめとする市民社会の相互作用の中で形成される情報社会の秩序編成のあり方についての包括的な議論として，須藤・出口編［2003］所収各論文を参照．

そしてそのような現状を前提に，いかなる制度設計を行うべきか（第Ⅳ部）という問題を取り扱うが，全体を通じてそれ以上に重要性を持つのは，「なぜ，どのような理由でそのルールが形成されてきたのか」を明らかにする作業である．そのため個別の事例を論じるにあたっても，実際に機能している制度の姿そのものに加えて，その自主規制が行われるきっかけとなった事象や歴史的背景，社会的・経済的文脈，そしてインターネット特有の技術的環境条件に焦点を当てた検討を行うことになる．

③第三に，国際的比較検討の重視である．自主規制や共同規制は，企業や消費者，そして政府といった多様なステイクホルダーの複雑な相互作用の中で形成される．それゆえ，社会・経済状況，基盤となる法制度のあり方などの要因により，通常の法制度以上に国や地域ごとの差異が生じやすい．しかしこのような差異は，他の国の制度を参照する意味を失わせることはなく，むしろそのような比較研究の重要性を一層際立たせることだろう[5]．本書で比較対象とするEU，米国，日本という先進国においても，第Ⅱ部および第Ⅲ部で確認されるように，それぞれにおいて形成されるガバナンスのあり方は，ある問題では大きく異なり，また別の問題では社会・経済的基盤を大きく異にしつつも実質的な同型化が生じるなどの，興味深い比較分析の題材を提供している．このような相違がなぜ，どのような要因により生じたのかを明らかにすることは，インターネット上の法制度の構築において，米国とEUをはじめとする世界各国のイニシアティブの間で揺れる我が国の今後の制度設計のあり方に対して，多くの示唆を与えると考えられる．

④第四に，法分野を横断した検討の重視である．インターネット上の制度的課題は多くの法分野と関連しており，本書で対象とする法制度も，主なものだけを挙げても，著作権やプライバシー保護，プロバイダ責任制限法制，表現の自由，放送法といったいわゆる情報法[6]に関わる分野全般に加え，競争法や消費

---

5) この点は North［1990］が論じるような，制度変化における「フォーマルな制度」と「インフォーマルな制度」の適合性の問題と同様の点を指しているといえよう．
6) 情報法（information law）の概念については，浜田［1993］および山口［2010］を参照．

者保護法制に至るまで,きわめて多岐にわたるものである[7].インターネット上のある特定のサービスの規律付けを包括的に理解しようとしただけでも,これらの法分野の多く,あるいはすべてが密接に関連するため,それらを独立して取り扱うことには明らかに限界が生じる.さらに本書では,共同規制という政策的方法論をインターネット上の多数の問題領域に対して適用する可能性の議論を行うが,個別の制度設計は,それぞれの法分野,特にその規制によって保護しようとする,あるいは逆にそれによって失われる権利利益の性質によって,そのあり方を大きく異にすることだろう.そのような多様性を持つ問題群それぞれにおいて,いかなる制度設計を行うべきかを,法分野を横断した比較的な観点から検討する必要性は高い.

⑤第五に,学際的アプローチの重視である.自主規制と政府の相互作用を検討するにあたっては,それぞれ個別の法分野に関わる従来の法学的アプローチが不可欠であることはいうまでもなく,本書の多くの部分も各国の法制度に対する検討に充てられることになる.しかし自主・共同規制を通じた情報社会のガバナンスは,立法・行政・司法というサイクルの中で完結するものではないがゆえに,社会における「制度」の意味と機能そのものを,多様な学問的観点から明らかにすることが不可欠となる.たとえば人が何らかのルールに従うインセンティブは何なのか,あるいは当該自主規制ルールが効率的なものであるか否かの評価を行おうとする際には,ミクロ経済学的な視点が不可欠となる.さらにある産業分野における望ましい自主規制ルール,そしてその実効的なエンフォースメントのあり方を検討していくためには,インターネット上の新しいビジネスモデルへの理解,そしてその産業構造などへの理解が不可欠となることだろう.

---

7) ただし本書では,インターネット上の秩序形成における自主規制の側に焦点を当てる関係から,紙幅の都合からも,関連する制定法の基本的構造や歴史的経緯について逐一詳細な紹介と検討は行っていない.そのため第Ⅱ部および第Ⅲ部の各論の制度的背景に関しては,我が国の法制度については高橋他編 [2010] および小向 [2011], EU について Edwards and Waelde eds. [2009], 米国については Lemley et.al. [2011] 等の包括的な体系書を参照されることが望ましい.

3　本書の構成

本書の構成は以下の通りである．

まず第Ⅰ部（第1章～第2章）においては，本書の問題意識と，その背景となる情報社会における自主規制の必要性とリスクを整理したうえで，公私の複雑な相互作用の中で生み出される共同規制の概念を理解するために必要なフレームワークを提示する．第1章においては，グローバル化や技術進化の速度といった情報社会の本質的性格そのものが自主規制による問題解決を不可避としていることを指摘し，そのリスクに対応し，持続的な自主規制を実現するために，EUを中心として共同規制という概念が提唱されていることを提示する．第2章においては，インターネット上の共同規制に関しては，従来の自主規制や共同規制の中で重視されてきた，集合性の高い業界団体等の役割が相対化されざるをえないことを論じる．そのうえで情報社会における共同規制を，インターネット上に存在する多様なコントロール・ポイントの行う自主規制に対し，政府が一定の働きかけを行う規制手法であると再定義し，その構成要素をローレンス・レッシグの規制枠組を再構築する形で整理していく．

第Ⅱ部（第3章～第5章）においては，本書の中核となる事例検討の前半として，「団体を介した」共同規制のあり方を，欧米の比較と我が国の法政策への示唆を中心として検討していく．第3章では，近年の通信・放送融合に対応するため，従来の放送規制の枠組をインターネット上の放送類似サービスに拡大するEUの視聴覚メディアサービス指令を取り上げ，特にその英国における国内法化作業の中でとられる，EUにおける典型的な共同規制のあり方を検討する．第4章では，インターネット上のコンテンツ規制の中でも特にモバイルコンテンツの青少年有害情報対策の問題を取り上げ，強いボトルネック性を持つモバイルコンテンツ産業に特有の共同規制のあり方を検討することで，産業構造が規制枠組のあり方に対して与える影響を検討する．第5章では，近年ライフログという言葉とともに高い関心を集める行動ターゲティング広告のプライバシー問題を取り上げ，その流動的性格を背景に制度的基盤を大きく異にするEU・米国の間において，プライバシーの保護とインターネット上のビジネスの

発展を両立する現実的な対応を模索する中で，実質的な規制枠組の同型化が進んでいることを指摘する．

　第Ⅲ部（第6章〜第8章）では事例検討の後半として，「団体を介さない」共同規制のあり方を検討していく．インターネット上には自主規制を担う多くのコントロール・ポイントが存在するものの，団体を介する場合と比してそのモニタリングや統制が困難であるため，政府の側が意図しない過剰な規制，あるいは誤った規制が行われる蓋然性も高い．第6章では，インターネット上の法規制全般の中でも重要な役割を果たすプロバイダ責任制限法制を取り上げ，主に著作権保護に関わる現代的課題に関して，自主規制と共同規制に基づくガバナンスがいかに機能しているかを分析する．第7章では近年インターネット上の中心的なサービスとしての位置を占めつつある，SNS（Social Network Service）におけるプライバシーと青少年保護の問題を取り上げ，サービスごとの多様性が高い同分野において，いかにして安全性と事業展開の柔軟性を両立する共同規制関係を築いていくかを検討する．第8章では代表的な音楽配信プラットフォームであるiTunesを取り上げ，DRM（Digital Rights Management，デジタル著作権管理）という技術的自主規制と，それに対する制度的補強措置が二次的にもたらしている独占化の問題を論じる．特にそこでは，国際的に活動するプラットフォーム事業者に対して一国政府が単独で実効的規制を行うことの困難性を指摘し，国際的な連携に基づくガバナンスの必要性が生じていることを示していく．

　最後に第Ⅳ部（第9章）では，各章における個別事例の分析を元に，今後の情報社会のガバナンスにおいて，共同規制という方法論をいかに設計し，活用していくべきかについての検討を行う．自主規制に対する実効的なコントロール，そして消費者保護や中小企業保護をいかに実現するかという問題を念頭に置き，透明性を原則とした共同規制の全体的枠組を設計する必要性について論じる．

第 I 部

政府規制，自主規制，共同規制

第Ⅰ部では，第Ⅱ部以降の事例検討を行うための準備作業として，情報社会において共同規制という政策手法が必要とされている背景と，その理論的枠組を論じていく．

　インターネットの草創期から続く，インターネットの自由を強く擁護するいわばリバータリアニズム的な立場と，確固とした公的統制を及ぼそうとするパターナリズム的な立場の間の論争は，いまだその結論を見るには至っていない．EUを中心として重視され始めている公私の共同規制は，その両者の間での止揚を図るものとして評価することができるだろう．しかし同時に，第Ⅱ部以降における米国や我が国の法政策との比較検討を行うにあたっては，EUという統治機構が持つ，加盟国の間での緩やかなガバナンス調和への要請という，特有の政治的背景の側面にも留意する必要がある．

　共同規制は必ずしも情報社会にのみ用いられる政策手段ではなく，環境や労働など，さまざまな理由によって直接的な政府規制の実現が困難な領域においても重視されている．しかし情報社会における共同規制は，多くの点で現実世界のガバナンスとは異なった性質を持つ．特にインターネット上の共同規制において顕著な特徴は，関係する企業や利用者に対して一定の集中的管理能力を有する，プラットフォーム事業者をはじめとする多様な「コントロール・ポイント」の存在である．政府の側としては，効率的かつ実効的なコントロール・ポイントを特定し，それらが行う自主規制に対して一定の公的統制を及ぼすことが，公私の共同規制関係を構築するにあたっての主要な焦点となるのである．

第1章 自主規制から共同規制へ

1.1 情報社会における自主規制の必要性

　情報社会の進展はなぜ，市場の自律性を活用した自主規制によるガバナンスの必要性を高めているのだろうか．本書で主題とする共同規制とは，自主規制に対する一定の公的コントロールに基づく政策手法であることから，共同規制に対する検討を行うためには，その前提として自主規制に対する理解が必要になる．ここでは自主規制を「政府や規制機関による正式な監督なしに，産業界が集合的に市民・消費者問題およびその他の規制方針に対応する解決策を管理している (Ofcom [2008a])」状態と仮に定義したうえで，情報社会において自主規制の必要性が拡大している要因を論じていく．

　以下で挙げる要因は，情報社会という言葉が一般化する以前から多少なりとも存在した，あるいは現れつつあった現象ではあるものの，インターネットの普及とその社会・経済的インフラとしての重要性の拡大は，それぞれの要因をより急速に先鋭化させている．そして現在インターネット上で生じている制度的課題の多くには，これらの要素が同時に複数関連しており，それらの間での複合的な作用が，各問題領域における自主規制の必要性を高めているのである．

1.1.1 技術進化の速度や社会の複雑化・専門化

　インターネット上で行われるコミュニケーションやビジネスのあり方はいまだ成熟には遠く，むしろその変化の速度は日増しに高まっており，それを正確に把握し，適切な規制を行うために必要な知識の量も拡大を続けている．従来

の規制政策は，民間の主体よりも政府のほうが規制に必要な知識を広範に有していることが多くの場面で前提とされてきた．たしかにそのような前提は，技術的・社会的変化の速度が緩やかである場合には有効性を持ち，政府による通常の直接規制，すなわち命令と統制（コマンド・アンド・コントロール）に基づく規制手法を安定的に機能させてきたといえる．しかし情報技術の急速な進展とそれにともなう社会構造の変化，そして政策課題の複雑化・専門化は，その前提を大きく逆転させつつある．インターネット関連のビジネスのように技術面・ビジネス面での変化が著しく，国際的な競争が激しい分野においては，過度の規制や誤った規制はイノベーションを阻害し情報社会の健全な発展を害するのみならず，利用者の利便性を害することにもなりかねない．適切な規制は，その規制対象についての知識を十分に有する主体にしか行えない．規制に必要な情報の非対称性の逆転は，第三者である政府から，当事者である市場へと規制主体を移行する強い要因として作用する[8]．

　さらにインターネット上においては，現実空間と比して違法行為等による被害の拡散が，きわめて短期間に，そして広範囲に及びやすい．アナログ環境における著作権の侵害や名誉毀損といった違法情報は，マスメディア等の手段を介さなければ広範に広がることは少なかったといえるが，インターネット上では短期間の間に容易に拡散し，そしてその範囲も世界中に及ぶ[9]．このような状況においては，法制度による対応を行えるほどに当該問題の構造と対応策に関する知識が十分に蓄積されていなかったとしても，暫定的な対応として，民間の自主規制を呼びかけるなどの緩やかな規制が行われる必要性はより高いものとなる．

1.1.2　流動的領域の拡大

　一見目新しく見えるインターネット上の諸活動を規制するにあたっても，そ

---

8) Cafaggi [2006: 5] では，規制主体の政府から民間への移行の第一の要素として情報の非対称性の問題を挙げ，他に規制権限の正統性，私的主体の遵守動機向上の 2 点を指摘するが，規制主体の移行は原理的には情報の非対称性の問題のみによっても生じうるとしている．
9) 特に個人への名誉毀損や誹謗中傷等の情報が容易に世界中に拡散する問題の現代的状況を包括的に論じたものとして，Solove [2007] および Levmore and Nussbaum eds. [2011] 所収各論文を参照．

のためだけに「サイバー法」とでもいうべき新たな法体系を作り出す必要はなく，これまで形成されてきた法の原理原則を延長し，修正しつつ適用することはできるかもしれない[10]．しかし情報技術の急速な発展は，従来の法が持つ原理原則が必ずしも当てはまらない領域を常に生み出し続ける．たとえばインターネット上で利用者の行動履歴を把握するために用いられるクッキー (cookie) は必ずしも従来の意味での個人の識別を行わないが，個人情報と同様の保護を受けるべきだろうか．あるいは一定程度弱い保護に基づく個人情報概念を新たに創設するべきだろうか．P2P (Peer to Peer) ソフトウェアを利用して著作権侵害を繰り返したユーザーは，著作権者の求めに応じてインターネット接続のスピードを低下されるべきだろうか．さらにはインターネット接続そのものを遮断されるべきだろうか．このような問題に対して法律家や議会が熟慮の末に規制のあり方に対する一定の結論を出しえたとしても，その結論のありようは，匿名化やセキュリティの技術，あるいはインターネット接続が持つ社会的な意味といった，常に変化し続ける前提条件に依存するものであり，法律によって固定することは容易ではない．そしてその結論は，国や産業分野の性格，あるいは個々の利用者の価値観の差異によっても大きく異なった様相を見せる．そのような本質的な不確定性を持つ流動的領域[11]への対応において，自主規制は2つの利点を持つ[12]．

　第一に，自主規制によって形成されるルールは，議会でのプロセスを経て制定される法制度よりも時間的・コスト的な面において形成が容易な場合が多く，その修正や撤廃も，当事者の合意の調達さえ得られれば柔軟に行うことができる．さらにそのような私的なルール形成の積み重ねの中で見出された原理・原則を，政府が事後的に法制化するなどの形で徐々に固定化していくことも可能であろう．自主規制は，いまだその問題の性質や適切な対応のあり方が明確に

---

10) 法制度の抜本的刷新の必要性に批判的な議論として，「馬の法 (Law of Horse)」の寓話を論じた Easterbrook [1996] および Lessig [1999b] を参照．
11) この点，Mayer-Schönberger [2009] の「Virtual Hisenberg」という表現は，政策課題に関わる流動的領域の本質をよく表しているといえよう．
12) Knight [1921] における不確実性 (uncertainty) に関わる議論を参照しつつ，不確実性をともなう制度的課題への対応において，政府機関によるインフォーマルな威嚇 (threat) の提示に基づく，漸進的知識発見プロセスの必要性を論じる Wu [2011: 1848-1854] も参照．

定まっていない問題領域において，必要な規制のあり方を漸進的に見出していくための，規制の実験場（Tambini et. al.［2008: 4］）としての役割を持つのである．

　第二に，自主規制はそれぞれの産業分野ごとに形成することが容易であるため，分野ごとの状況を反映した多様なルール形成に対応しやすい．たとえばプライバシー保護法制の影響を受ける事業者は，消費者と接点を持つおよそすべての産業に及ぶことになるが，それらの産業全体に対して画一的なルールを適用することが望ましいとは限らない．そのため我が国においても，個人情報保護法によって全体的な原則を定めつつ，各省庁の策定する分野別の多数のガイドライン[13]が詳細なルール形成の役割を果たしているが，ガイドラインが法の解釈基準としての性質を持つ以上，産業分野ごとの多様性への対応には一定の限界がある．自主規制は，このような分野ごとの当事者の状況や知識を，より適切に反映した，柔軟な規制を実現する可能性を持つ．

1.1.3　グローバル化にともなう一国政府の規制能力の限界

　伝統的な法に基づく直接規制は，地理的な国境とそれに基づく法的管轄（jurisdiction）を前提として形成されており，従来の意味での地理的国境の存在しない情報空間においては，一国政府の役割は必然的に減じざるをえない[14]．これまでもインターネット上で行われる国際的な取引や違法行為に対応するため，国際条約等による法制度の平準化，OECD 等の国際機関におけるガイドラインの策定，国際的な裁判管轄や準拠法の整理，越境的な法執行の協力関係の構築等の努力が進められてきたものの，インターネット上で行われるすべての問題について適切な解答を用意できているとはいまだいいがたい状況にある．

　国境を越えた取引に関わる法制度の調整の必要性は，国際的な商取引の分野

---

13)　2010 年段階で 27 分野に 40 のガイドラインが存在している．消費者庁「個人情報の保護に関するガイドラインについて　平成 22 年 7 月 29 日現在」http://www.caa.go.jp/seikatsu/kojin/gaidorainkentou.html

14)　この点に焦点を当てた代表的な議論として，Johnson and Post［1996］を参照．一方で Goldsmith and Wu［2006］が論じるように，インターネット上においてもゾーニング技術をはじめとするさまざまな技術的手法によって，国境を実質的に再構成することも行われ始めている点には留意する必要がある．

において古くから論じられており，中世から形成されてきた商人間の私的なルール形成の集合体であるいわゆる Lex Mercatoria（商人の法）のように，取引に参加する主体が自主的にルールを形成し，自律的にエンフォースするという方法論が有用性を持つ局面があるだろう．実際にインターネットに関わる技術的要素の調整については，世界中で統一の標準を迅速かつ柔軟に策定・開発することが必要な場面が多いため，ボランタリーな技術者を中心として構成される IETF（Internet Engineering Task Force，インターネット技術タスクフォース）や ISOC（The Internet Society，インターネット協会），インターネット・ドメインの管理を担う ICANN（Internet Corporation for Assigned Names and Numbers，アイキャン）といった，個別国家の影響を受けにくい国際的な NGO による標準策定やルール形成・運用が進められてきた経緯がある[15]．このような Lex Infomatica（Reidenberg [1998]）ともいうべき情報技術に基づくグローバルな私的秩序の形成を促し，そして各国法との調整を進めていくことは[16]，情報社会における越境的活動を秩序付けるうえで不可欠な道筋であるといえる．

1.1.4 「コード」による規制の拡大

情報空間において人々の行動を規制する要素としては，法や規範といった伝統的な要素よりも，そこで人々が何をすることができる，あるいはできないかということを決定付ける「コード」，すなわちプログラムによって作り出されたアーキテクチャが，より強力かつ効果的な役割を果たす（Lessig [1999a]）．そしてそのアーキテクチャの所有権と決定権は，多くの場合政府の側ではなく，システムやサービスを提供する事業者や個人のプログラマーの側に存在する．アーキテクチャの設計如何によって，インターネット上での違法行為や望ましくない行為，あるいはコンテンツといったものは多くもなり，少なくもなる．さらにインターネット上の個別サービスでの振る舞いに対する制約は，その

---

[15] 特に ICANN のドメイン名管理を，国家権力から一定の距離を置く自主規制の観点から論じたものとして，Bonnici [2008: 77-114] を参照．

[16] ICANN のような非国家的組織が行う決定，特にドメイン名に関する ICANN の裁定と，商標をはじめとする各国制度の調和をいかに進めていくかは，法多元主義（Legal Pluralism）の課題として広く論じられている．たとえば現代の国際私法の観点からの議論として，ルーク・ノッテジ [2003] 等を参照．

サービス運営者によって決定されるサービスの利用規約（Terms of Services, あるいは End User License Agreement）によっても行われる[17]．言い換えれば，それら分散的なコードによる規制は，第一義的には私人の行う自主規制としての性質を持つのである．

1.1.5 表現の自由に対する配慮

民主主義社会において不可欠の権利である表現の自由は，ごく限られた状況を例外として，政府による介入や規制を受けるべきではない．アナログ環境においても，放送や新聞等における性表現や暴力表現に対する規制は，業界自身によって形成される自主規制団体によって担われてきた部分が大きい．特に著作権侵害や名誉毀損，脅迫などといった違法情報と異なり，青少年の健全な成長に悪影響を及ぼすなどの理由で一定の規制対象とされるいわゆる青少年有害情報への対応は，受け手自身や親の価値観によってもその定義自体が大きく異なることなどを理由として，直接的な規制を行う困難性はより高まる．

情報社会において特に問題となるのは，規制対象として問題となる行為の大部分が，それがすべて情報という形であるがゆえに，およそ何らかの形で表現行為と結びついていることである．従来から表現の自由との調整の困難さが指摘されてきた著作権やプライバシーの問題に加え，インターネット上の表現行為を媒介するプロバイダの責任，あるいは通信インフラやプラットフォームの中立性といったインフラに対する規制のあり方も，直接的・間接的に表現の自由に関わる問題となりえる．表現の自由に対する配慮のあり方として，自主規制という手段を用いることは必ずしも最善の手段ではないが，社会的要請等により一定の表現行為への対応を行わなければならなくなった際，立法者の立場からすれば，表現の自由への配慮をはじめとする公法的制約を理由として，自主規制という緩やかな政策手段を「選択せざるをえない」という局面もたしかに存在する．

---

17) サービス利用規約を通じた私的規制のあり方と問題点につき，Mayer-Schönberger [2009: 1250] 等を参照．

1.2 自主規制のリスク

　情報社会の持つ以上のような性質は，私人の自主的なルール形成に基づく自主規制の重要性を大きく拡大し，それを利用した政策手段の洗練を不可欠なものとしている．しかし同時に，自主規制を用いたインターネット上の諸問題への対応には，民主的なルール形成のプロセスと，公的権力によるエンフォースメントによって裏打ちされた直接規制とは異なる多くのリスクも存在する[18]．国家の制定する法が万能ではないことと同様に，市場が行う自主規制も万能ではありえない．これらのリスクに対して政府が何らかの補強措置を行うことにより，適正な自主規制が行われるよう誘導・強制することが，公私の共同規制概念の根幹となる．

1.2.1　形成の失敗
　まず，私人のイニシアティブに基づく自主規制ルールの形成自体がそもそも可能かという点である．自主規制ルールが形成されるためには，当該分野に関わる企業や利用者を中心とした，多様なステイクホルダーの間でのコンセンサスを形成する必要がある．自主規制ルールの策定は当該分野で活動する企業によって構成される業界団体によってなされることが多いが，そもそも集団的な意思決定を行えるほどの業界団体が存在しない場合もある．さらにルール形成のための交渉は，多様な利害を持つ関係者の数が多ければ多いほど交渉費用が高くなり，意思決定が困難となることから，多様なステイクホルダーによる対等な交渉のみによってはコンセンサスを得ることが実質的に不可能な場合もある[19]．特に明確な利害対立構造にあるステイクホルダー同士，たとえばインターネット上の著作権侵害対策の問題において，著作権の強い保護を求める著作権者と，相対的に自由な利用を求める利用者・プラットフォーム事業者の間

---

18)　自主規制のリスクについての検討として，Ofcom［2008a: 16-17］も参照．
19)　Goggin［2009］は，オーストラリアにおいてモバイルコンテンツ分野の自主規制ルールを策定するために，政府・産業界・消費者団体の間で長く続けてきた交渉が失敗した要因として，自主規制ルールの結論を得るための政府機関のリーダーシップと権限が不足していたことを指摘している．

で共通の意思決定を行う必要がある場合などには，そのような困難は一層強く現れることだろう．

1.2.2　内容の非公正性

もし何らかの形で当事者同士の合意に至ることができたとしても，制定された自主規制ルールが実質的に問題を抑止・解決することができているか，あるいは特定の主体にとって不利な条件を押し付けるものではないかという点に留意する必要がある．特にインターネット上の新しいビジネスや，複雑な技術的要素に関わる自主規制については，その専門性の高さや情報量の多さなどを理由として，消費者の側が正確な問題状況の把握を行うことは困難である場合が多く，ルール形成を巡るステイクホルダー間の交渉の中でも，専門的知識や交渉力に勝る事業者側の利益が優先されやすい状況を生み出しうる．

企業と利用者という関係性の他にも，企業間の利害調整の側面においても，交渉力の非対称性の問題は同様に生じる．業界団体による自主規制ルールの形成は，既存の有力事業者が中心とならざるをえないことから，中小企業や新規参入事業者に対して不利なルールを押し付けるといったような，カルテル性や競争阻害の可能性が存在する[20]．さらに企業と利用者，企業間の利害調整の双方に関わる問題として，表現行為に関わる自主規制である場合には，規制される必要のない表現までもが規制の対象となる，過度の私的検閲（private censorship）を避ける必要性も生じる[21]．

1.2.3　実効性の欠如

自主規制ルールが公正な形で形成されたとしても，そのルールを実効化するエンフォースメント・メカニズムの欠如により，ルールの有名無実化が生じることが考えられる．特に流動性の高い，あるいは分散性の高いインターネット関連の産業分野においては，業界団体が存在していたとしてもその加盟率が低いなどの理由により，団体内における自律的なエンフォースメントという選択

20）　この点につき，Koops et al.［2005: 124-126］等を参照．
21）　インターネット上における媒介者による私的検閲が表現の自由に対して与える影響を包括的に論じたものとして，Kreimer［2006］を参照．

肢自体が採れない可能性が高い．業界団体や外部からのエンフォースメントという手段を採らなかったとしても，当該ルールに従うことが当事者の利益に適合的である等の要因により，純粋に自律的なルールの維持が行われることも考えられるが[22]，そのような自己拘束的なインセンティブ構造が存在する状況は必ずしも一般的ではないだろう．

さらに自主規制ルールからの逸脱や違反が生じていた際に，エンフォースメントを担う業界団体，あるいはそれを監視する立場にある政府等の外部の主体からのモニタリングが困難な可能性もある．特に業界団体や個別企業の行う自主規制は，通常の法制度と異なり，その形成過程や自主規制ルールの内容そのもの，あるいは遵守・逸脱状況に関わる情報が必ずしも一般に公開されているとは限らず，自主規制がうまく機能していなかったとしても，その事実が隠蔽されたままとなる可能性がある．

1.2.4 公衆の認識の欠如

自主規制が機能するためには，その内容の公正性と実効性が担保されていることに加え，事業者のみならず消費者を含めた社会一般に対して，その存在が広く認知される必要がある．たとえば消費者がウェブサービスのプライバシー保護に何らかの不安を感じた際，事業者による十分な自主規制が行われていること，そしてその自主規制の内容を容易に知る手段がなければ，自主規制が実質的に機能したとしても，不安が取り払われることはない．そのような認識の欠如を原因として，自主規制が機能している分野に対しても，新規の立法や規制等が行われるといった，実質的な自主規制の失敗が生じる可能性も考えられる．

自主規制が行われていること自体が広く知られていたとしても，その自主規制が過度に専門的な内容を含んでいるなどの理由により，第三者にとっての実質的な認識と理解が困難な場合もある．さらにインターネット関連産業では外国企業が日本市場においても強い影響力を持っていることが多く，そのような

---

22) この点については，中世における地中海商人の自律的な秩序形成において，関係者からの評判メカニズムを基盤とした，繰り返しゲームのトリガー戦略による実効化が実現されていたことを明らかにしたものとして，Greif [2006] 等を参照．

外国企業への情報提供や認識共有，あるいは策定プロセスへの参加可能性の確保が不十分であった場合には，海外企業に対する実質的な非関税障壁として機能する可能性も考慮しなければならない．

1.2.5 民主的正統性の欠如

政策手段として自主規制を用いることは，本来政府が行うべき規制行為を，民間の主体に対してアウトソースすることを意味する．近代民主主義国家においては，民主的なプロセスによって制定される法が社会を統治することが前提とされているが，私人によって形成された自主規制がその範囲を大きく拡大することは，社会統治における民主主義の前提が実質的に損なわれていくことを意味する[23]．さらに政府が直接的な規制を行う場合においては，法制定のための議会における民主的合意の調達，そして表現の自由や適正手続の保障をはじめとする公法的制約を受ける一方，民間の主体が規制を行う場合には，原則としてそのような制約が生じない．政府が何らかの規制を行う必要性が生じた場合，自身が行うことが困難である表現規制等の規制行為を，私人に対して自主的な規制を行うよう働きかけることで迂回的に実質的な実現を図ろうとする，自主規制への逃避（原田 [2007: 19]）ともいうべき事態を生じるおそれがある[24]．

さらに別の側面として，あるルールはその影響を受ける主体が，何らかの形で形成プロセスに参加可能であることによって，その実効性が担保される場合も存在しよう．自らの意思からかけ離れたところで形成されたルールは，広義の意味での民主的正統性を持たない．そしてそのルール形成プロセスは，通常の立法における代議制同様，一定の利益集団を代表する少数の人々によってのみ担保されることが多いと考えられる．私人によって形成される自主規制は，

---

23) Johnson and Post [1996] らをはじめとするインターネット上の私的秩序を重視する見解に対し，民主的正統性の欠如を重視する代表的な批判として，Netanel [2000] および Goldsmith [1998] を参照．

24) EU のメディア法分野の共同規制を先駆的に紹介した曽我部 [2010] は，我が国におけるメディアの自主規制とされるものが，「実際には行政機関の強い影響力の下に発足し，発足後も行政機関との間で不透明な関係を維持しているものがあると思料される（同 [2010: 658]）」とし，同様の問題点を指摘している．このような公私関係の透明性をいかに確保していくかの論点については，本書第 9 章を参照．

政府が行う場合よりもより当事者に近いところで形成されることはたしかであるが，消費者や中小企業をはじめとする交渉能力の低い主体がそのプロセスから排除され，その代表性が実質的に担保されないおそれがある．特にインターネット分野のような流動性の高い分野においては，いかなる主体が代表者として策定プロセスに参加すべきかという問題自体が流動的であり，固定的な決定を行うことは不可能だと考えるべきであろう．

1.2.6　国際的な非整合の可能性

法制度が各国で異なることと同様，各国ごとに実質的にも形式的にも大きく異なる自主規制ルールが形成される可能性がある．特に自主規制については，広範なコンセンサスが生じていない流動的な課題を取り扱わなければならないケースが多く，さらにそのルールは企業や利用者をはじめとした多数のステイクホルダーの複雑な交渉によって形成されるため，国際的非整合性の問題は通常の法制度よりも大きなものとなる可能性がある[25]．越境的なサービス提供が常態的に行われるインターネット上において，このような自主規制の齟齬は円滑なサービス運営を著しく困難としかねない[26]．さらに，自主規制に限らず判例法に多くを頼る英米型の法体系やいわゆる事後規制全般について指摘される通り[27]，成文化された明確なルールを持たないインフォーマルな制度枠組は，それが国内的に問題なく機能したとしても，海外から見た際の不透明性や理解の困難性を生じるおそれもある．

---

25)　Reidenberg [1998] らによる商人の法をモデルとしたLex Infomaticaの議論に対しては，中世史の観点からも批判が行われている．中世における商人の法は，たしかにその形成と執行の両面が私的な権力によって担保されてきたものの，現実の秩序としてはそれを管轄する地域や町ごとに大きく異なっており共通のルールを形成しえていたとはいえず，近年のサイバースペースにおける参照は実質的な側面を無視したロマン主義的なものにすぎないというのである（Sachs [2005: 800-803]）．

26)　インターネット上の活動のグローバル性と各国の制度的差異の矛盾の問題につき，Zittrain [2003a] を参照．

27)　たとえば著作権法におけるフェアユース条項の導入を題材として，英米法と大陸法の比較の観点からこの論点を論じたものとして大屋 [2010] を参照．

1.3 共同規制の概念

1.3.1 EUにおける共同規制概念の提唱

これまで確認してきたように,情報社会においては自主規制によるルール形成を重視しなければならない理由がある一方,自主規制には多くのリスクも存在する.そのようなリスクに対し,政府が一定の介入・補強を行うことによって,実効的かつ持続可能な自主規制を実現することが,公私の共同規制概念の根幹となる.ここでは共同規制という概念が明示的に提唱され,政策的な実践が積み重ねられつつある,EUおよび英国の枠組を概観する.

EUにおいては,20世紀の終盤より,規制の簡素化や合理化を進める「より良い法形成(Better Lawmaking)」の取り組みの中で,社会統治のツールとしての自主規制の活用と,それに対するEUおよび各国政府の関与の方法論の構築が進められてきた.EUの態度が明確に示されることとなったのが,2001年に欧州委員会が公表した「欧州ガバナンス白書」である.同白書の中では,加盟国がEUの指令を国内法化する際,重要な人権問題や政治的決定に関わる問題でなく,かつ当該指令がすべての加盟国に対し統一的な対応を行うことを明確に求めていない場合などにおいて共同規制を用いることができるとし,加盟国政府に対し民間の自主規制に対するモニタリングや実効性の確保等を含む,法的なフレームワークを構築することを求めている(European Commission [2001: 21])[28].さらに2003年の欧州議会・欧州理事会・欧州委員会の機関協定(European Parliament, Council, and Commission [2003])において,各国が自主規制や共同規制の手法を用いる際のより詳細な枠組が定められる.ここでは自主規制および共同規制は以下のように定義されている.

---

28) Better Law Makingへの助言を行うために同時期に作成されたMandelkern Report (Mandelkern Group [2001])においても,共同規制はより良い規制を実現するための有力な手段として重視されている.特に同レポートは共同規制における公的機関の役割を (1) initial approach, つまり国家によって主たる政策目的とその実現手段の方針が定義され,民間の主体にその詳細化と具体化を求めるアプローチと, (2) bottom to top approach, つまり民間によって自主的に策定されたルールを,公的機関が事後的に強化し,一定程度公式性を持ったルールとする手段の2つに分類し,状況に応じた両者の組み合わせによって共同規制は構築されるべきであるとする.

自主規制:「その分野で活動する主体(経済的主体や社会的パートナー,NGOや共同体などを含む)がEUレベルでの共通したガイドライン(特に行動規定や部門協定など)を受け入れる可能性(22条)」

共同規制:「立法機関によって定義された目的の達成を,その分野で活動する主体(経済的主体や社会的パートナー,NGOや共同体などを含む)に委ねる法的措置のメカニズム(18条)」

　共同規制は,原則として民間の自主的なイニシアティブに依存する自主規制と比較して,規制内容の策定やエンフォースメントの場面において政府による補強措置(backstops)をともなう,相対的に公的関与の強い規制手法として位置付けられる.共同規制に関わる民間組織(主に業界団体)と各国政府・EUの間での協定内容(agreement)の公開を前提として,立法活動全般において不要な規制を減らし,産業界の自主的な取り組みを尊重すると同時に,市民参加の機会を拡大させるために用いられるとされる[29].ここでの自主規制と共同規制の区分は,EUあるいは各国政府から,民間の主体に対して「公式な」規制権限の委譲が行われているか否かという点を重視しているといえよう(Winn [2010: 10]).

　このような自主規制や共同規制に基づく政策手法は,同時期に先鋭化しつつあったインターネット上の諸問題への対応にも適用が進められる.特にインターネット上の幅広い制度的課題への対応における自主規制の重要性を指摘したのが,「インターネット上の違法・有害情報対策についてのコミュニケーション (European Commission [1996])」である.同文書は法的強制力は持たないものの,情報社会に関する法制度の不調和が欧州経済にもたらす利益を阻害するとして,プロバイダの責任についての一定の基準を策定する必要性を指摘した.

---

29) このような定義については,共同規制は民間の自主規制と立法的措置とのきわめて多様な混合形態であるという観点から,その多様性を包含するためには,これらの定義と活用条件は制限的にすぎるという批判もある(Prosser [2008: 107] 等).Hans Bredow Institute [2006: 4] が指摘するように,いまだ共同規制とは特定の規制形態を指すとは認識されておらず,自主規制と直接規制の混合的形態として緩やかに捉えられているのが現状である.

さらにプロバイダが行う自主規制の重要性を強調し，PICS（Platform for Internet Content Selection）のようなブロッキング技術等を利用した自主規制措置を促進すること，加盟各国はインターネット上の違法コンテンツをプロバイダに通知するホットラインの構築，さらに積極的に違法コンテンツを探し出す主体（watchdog）の設立を支援することなどを求めた．さらに青少年保護の取り組みとして 1999 年には Safer Internet Program が開始され，プロバイダが設置するホットラインの国際的なネットワークである INHOPE（International Association of Internet Hotlines，インホープ）や，インターネット上の青少年保護に関する注意喚起や意識向上等を行う INSAFE（インセーフ）等を通じた，自主規制に対する各種の支援を進めてきた[30]．これらの取り組みは，プロバイダの行う自主規制を重要なガバナンス手段として認識しつつも，それらの個別の自主規制を EU 域内で一定の基準に調和させようとする，「調和した自主規制（coordinated self-regulation）」に対する志向性の下に形成されてきたものである（Newman and Bach［2004: 401］）．

1.3.2　英国 Ofcom の共同規制枠組

　英国の情報通信行政を所管する独立規制機関 Ofcom（Office of Communications，英国情報通信庁）は，その機能や権限を定めた 2003 年通信法（Communications Act of 2003）6 条(2)(a)において，情報通信に関連する多様な領域において民間の自主的な取り組みを活用した柔軟な規制手法を発展させることを要請されており，第Ⅱ部・第Ⅲ部で詳述する通り，現在までに多様な政策課題にその方法論を適用しつつある[31]．Ofcom は 2003 年 12 月に情報通信分野における自主規制・共同規制活用の基準を示すガイドライン案を公開し，パブリックコメント期間を経て 2004 年には第一次ガイドラインを制定する（Ofcom［2004］）．その実施状況の評価を踏まえ，2008 年 3 月には改定案を公開，同様にパブリックコメントを経て第二次ガイドラインを公開した（Ofcom［2008a］）．
　同ガイドラインによれば，自主規制・共同規制は「産業自身がその問題を解

---

30)　Safer Internet Program の詳細については，European Commission［2009］および田中・山口［2008］等を参照．
31)　Ofcom の設立経緯や権限の詳細については，秋山［2002］および鈴木［2004］等を参照．

第 1 章　自主規制から共同規制へ

図表 1.1　Ofcom の規定する規制類型（Ofcom［2008a: 7］を元に作成）

アプローチ	概　要
規制なし	市場自身が求められる成果を出すことができている．市民と消費者は財やサービスの利点を完全に享受し，危険や害悪に晒されることがないようエンパワーされている．
自主規制	政府や規制機関による正式な監督なしに，産業界が集合的に市民・消費者問題およびその他の規制方針に対応する解決策を管理している．合意されたルールに関する事前の明確な法的補強措置（backstops）は存在しない（ただし当該分野の事業者に対する一般的な義務規定は適用されうる）．
共同規制	自主規制と法的規制の両方により構成されるスキームであり，公的機関と産業界が，特定の問題に対する解決策を共同で管理している．責任分担の方法は多様だが，典型的には政府や規制機関は求められた目的を達成するために必要な補強力を保持している．
直接規制	関係者が従うべき目的とルール（プロセスや企業に対する特定の要求を含む）が法律や政府，規制者によって定義されており，公的機関によるエンフォースメントが担保されている．

決する利害を持ち，そのための基準を制定可能であり，市民や消費者のしかるべきニーズと合致している場合」には望ましい手段であるものの，「企業が自主規制に加わるインセンティブを持たず，また従うインセンティブを持たない場合」も存在するとされる．そのため，自主規制が成立しえない分野ではより政府の介入度合いの強い共同規制を行い，自主規制と共同規制がいずれもが成立せず，かつ規制が不可避である問題への対応においては，制定法による直接規制を行うという，必要と状況に応じた段階的な規制を行うことを示している（Ofcom［2008a: 6］）．

　Ofcom の規定する段階的な規制類型，およびそれぞれの定義は **図表 1.1** の通りである．ここで強調する必要があるのは，これらの規制手法の間に明確な境界は存在せず，特に自主規制と共同規制の区分は，自主規制に対する政府関与の度合いや明確性の強弱という連続的な平面上に存在していることである．本書では，基本的に上記の Ofcom の定義分類を念頭において議論を進めていくこととする．

　前述の EU の定義は，「EU レベルでの共通したガイドライン」という表現に見て取れるように，あくまで EU の指令を実現する際に用いられる自主規制・共同規制の手法を念頭に置いたものであった一方，Ofcom の定義においては

図表 1.2　今後 Ofcom が自主規制・共同規制の活用を検討すべき分野

(Ofcom [2008a: 13] より作成)

問題のタイプ	例
法律による担保された責務が存在しており、かつ自主規制／共同規制に移行すべきと考えられる分野	① Ofcom が ASA/BCAP の管理する共同規制へと移行させつつあるテレビ広告コード基準エンフォースメント
特に Ofcom が法律によって自主規制／共同規制スキームの発展を要求されている分野	②有料情報サービス (premium-rate services)
Ocfom の職務の範囲内にある、解決策が実施されていない新しい問題	③ブロードバンド接続速度に関する情報 ④ VoIP サービスに対する規制 ⑤サービス品質に関する消費者への情報提供
Ofcom の権限の範囲外にあるが、産業界や政府が Ofcom に対し専門知識やサポートを要求している新分野	⑥著作物の違法な P2P ファイル共有に関する産業界側の対策 ⑦行動ターゲティング広告

EU の指令に関わる問題のみに限らず、情報社会において生じる幅広い制度的課題に対応していくための方法論として、より一般的な表現がなされている[32]。そして今後自主規制・共同規制による対応を進めていく問題領域の類型として、Ofcom は**図表 1.2** の問題群を挙げている。これらのうち①は本書第 3 章で、②は第 4 章で、⑥は第 6 章で、⑦は第 5 章でそれぞれ取り扱う。

1.3.3　米国の自主規制・共同規制

　一方米国においては、1997 年の Framework for Global Electronic Commerce[33]に象徴されるように、インターネット関連産業の柔軟な発展を重視するという観点から、企業や団体の行う自主規制を重視する姿勢を強調してきた[34]。さらに本書で取り扱う事例の多くでも見られるように、近年では消費者

---

32) このような英国における自主規制の源流を、19 世紀のビクトリア朝時代にまで求めた歴史的な議論として、Moran [2007] を参照。そこでは英国における自主規制は、教会や大学等の秩序維持を自己統治に委ね、公権力から距離を置くことによりその独立性を守ろうとしたことと同時に、それらの持つ排他的特権を保護する側面を持っていたものとされる。英国における自主規制に対する一定の公的関与による透明化・適正化の重視は、このような排他性への対応という歴史的文脈をも視野に入れて考慮する必要がある。

33) http://clinton4.nara.gov/WH/New/Commerce/

34) さらに 1960 年代以降のコンピュータ産業発展期において、オンライン情報処理サービスの柔軟な発展を重視した FCC (Federal Communications Commission) が同サービスを意図的に規制の対

保護強化の必要性から自主規制に対する公的介入と圧力を強めているものの，米国の情報政策分野において共同規制という表現そのものが明示的に用いられることは少ない．これは単に用語上の差異ということもできるだろうが，Hirsch［2011: 442-443］が指摘するように，共同規制という用語がインターネットに対する規制の強化を想起させるものであるがゆえに，連邦政府の側としてはあくまで自主規制という表現にこだわる必要があったという要素も少なからず影響を与えていると考えられる[35]．

しかし近年の米国の自主規制においても，本書第5章で検討するプライバシー保護をはじめとする多くの情報政策の領域において，実質的にEUの共同規制と同様の手法が採られているという指摘は多く[36]，実際に近年の同分野の規制強化を図る法案の中には，共同規制という用語を明示的に用いるものも徐々に現れ始めている[37]．ただしEUにおける自主・共同規制の促進には，規制の簡素化や情報社会における技術進歩の速さに起因する規制対象把握の困難さといった普遍的な要因に加え，EU加盟国の間での多様なガバナンスメカニズムを緩やかに統合しようとすること，そして「民主主義の赤字（Democracy Deficit）」という言葉に象徴される，各国に根強いEUの集権性に対する批判を回避しつつ，EU指令の政策目的の実現に市民社会の参加の経路を設けることで規制の正統性を強化しようとした背景がある（Senden［2005: 9］）．このようないわばコーポラティズム的なガバナンス手法としての側面を持つEUの自主・共同規制の重視と，米国のようにインターネット関連産業の柔軟な発展を

象外とすることにより，その柔軟な発展を促す「非規制（unregulation）」政策を採っていたことが90年代以降のインターネットの急速な発展の下地となったことにつきOxman［1999］，我が国の情報通信政策との対比につき林紘一郎［2001］を参照．

35）一方インターネット以外の分野においては，米国では監査付き自主規制（audited self-regulation）という語が用いられることが多い模様である（谷口［2003: 49］）．

36）たとえばFrydman et.al.［2009］やHirsch［2011: 466-467］を参照．さらに近年では，米国におけるインターネット・トラフィックの帯域制御を巡るいわゆるネットワーク中立性の問題について，共同規制という表現を明示的に用い，業界団体を通じた自主規制ルールの策定や紛争解決を政府機関が後押しする形での対応を行うべきという提案がなされている．Weiser［2009］および渡辺［2010: 66-68］を参照．

37）たとえば2011年3月にジョン・ケリー上院議員によって公開されたPrivacy Bill of Rights法案における，「TITLE V—CO-REGULATORY SAFE HARBOR PROGRAMS」等を参照．
http://www.hldataprotection.com/uploads/file/KerryDraft%281%29.pdf

念頭に置いた自主規制の重視では，その根幹に一定の差異があることは，後の欧米の比較検討を行う際にも留意しておく必要があるだろう．

第 2 章 共同規制のフレームワーク

2.1 共同規制のコントロール・ポイント

2.1.1 「団体」の役割とその限界

　従来の自主規制や共同規制に関わる実践と社会科学的研究においては，その
ルール形成と実効化を担う主体として，業界団体をはじめとする「団体」の存
在が念頭に置かれることが多い．先述の Ofcom [2008a: 7] の共同規制の前提と
なる自主規制の定義においても，「産業界が集合的に……解決策を管理してい
る」という表現が用いられていた[38]．実効的な自主規制・共同規制を実現する
にあたり，集合性の高い団体には，自主規制のルール形成，そして加盟企業に
対するエンフォースメントを集中的に担うことができるという利点がある．ま
た自主規制の適正化の確保や，社会的要請に適合的となるよう政府が働きかけ
を行う対象を一元化可能であるという意味においても，団体の存在は公私の協
働関係にとって重要な役割を果たす．そのような実践的必要性という側面の他
に，法学をはじめとする社会科学的研究の方法論という観点からも，自主規制

---

38) 我が国でも，近年の自主規制に関する代表的業績である原田 [2007] は，自主規制を「ある私的
法主体に対して外部からインパクトが与えられたことを契機に，当該法主体の任意により，公的利
益の実現に適合的な行動がとられるようになること」と広く定義したうえで，必ずしも業界団体の
介在を前提としない経済的手法に基づく自主規制の促進等が存在することに言及しつつも，「……
しかし，公的利益適合行為の決定の幅が広いのは団体の介在する場面であり，また日本法における
業界団体をはじめとする中間団体の現実に果たす役割を念頭に置けば，狭義の自主規制を分析する
学問的・実践的必要性は極めて高い」として，業界団体等を介在した自主規制に焦点を絞った分析
を行っている（原田 [2007: 14-15]）．

を検討するにあたり業界団体を重視することが望ましい理由は存在する．自主規制を行う主体の定義を個別の企業にまで広げることは，個別の企業がある行動をとる理由が，商業的圧力をはじめとする多くの要素によって左右されるものであるため，検討対象となる「自主規制」と，通常の経営的意思決定の境界が不明確なものとなりかねない．さらにそのような個別企業を主体とした自主規制の内容は，業界団体が策定する自主規制ルールと異なり明文化・公開化されていない場合も多く，資料的な面での研究の困難も存在する．

しかし，本書が主題とする「情報社会における」自主・共同規制を包括的に分析しようとした際，このような業界団体等の存在を念頭に置いた検討範囲の設定は，多くの点で困難をともなう．第一に，インターネットに関わる産業分野の多くはここ十数年の間に形成されてきたため，いまだ産業分野の区分すら明確でなく，そしてその事業者の入れ替わりも激しいことなどから，他の産業に見られるような固定的かつ加盟率の高い業界団体が存在しない場合が多い．第二に，ネットワーク外部性等の要因に基づく独占化の傾向が高いことを理由として，多くの分野において，特定の一企業が実質的なルール形成を担いうるほど高いシェアを持っている産業分野が散見される．もしOS産業の自主規制を検討しようとすれば，それは必然的にデスクトップ分野において80％以上のシェアを占めるマイクロソフトを対象とせざるをえない．検索エンジン産業に関わる自主規制を論じるのであれば，それは実質的にグーグルの行動についての研究とならざるをえないであろう．

2.1.2 プラットフォームの存在

以上の2点は，一般的な産業と比したときのインターネット関連産業の「量的な」特質であるといえるが，第三の点は，インターネット関連産業に関わる「質的な」特徴的要素，すなわち「プラットフォーム」と呼ばれる主体の台頭である[39]．インターネットはそれ自体が人々の多様なコミュニケーションを媒介

---

39) プラットフォームという用語は法学・経済学・経営学等でさまざまな定義がなされており，いまだ統一的な定義が存在しているとはいえないが，ここでは総務省［2007］の「物理的な電気通信設備と連携して多数の事業者間又は事業者と多数のユーザー間を仲介し，コンテンツ配信，電子商取引，公的サービス提供その他の情報の流通の円滑化及び安全性・利便性の向上を実現するサービス

する基盤であるがゆえに，そこで行われるサービスも，インターネットを利用したコミュニケーションやビジネス行為をより効率的に，あるいは娯楽的要素等を加えることなどにより，企業や利用者にとって価値のある形で媒介することに成功したものが大きな影響力を持つ．通常の商店や電話，カード会社や銀行等も，現実世界における多様な活動を媒介するプラットフォームとして社会的にも経済的にも重要な役割を果たしてきたが，むしろインターネット上においては，そのような媒介者（intermediaries）としてのプラットフォームこそが関連産業全体の主役としての位置を占めやすい．そして本書で主題とするような著作権やプライバシーの侵害，有害情報等の問題は，その多くが何らかのプラットフォーム上で行われるものであり，電子メール等のほぼ純粋なエンド・トゥー・エンドのコミュニケーションによって行われることは，むしろ例外的であるとすらいえる[40]．

　本書の主題である共同規制という観点から見たとき，これらのプラットフォームが行う自主規制には興味深い2面性がある．個別サービス運営者としてのプロバイダは，いわばそれぞれが何らかの仮想世界（virtual world）を作り出し，そこに個別利用者や企業を集積する機能を持つ．仮想世界というアナロジーが最も適切に当てはまるのは，Second Life をはじめとする擬似的現実サービスであろうが，プロバイダの提供するサービスの多くはそれが電子掲示版であれ動画共有サービスであれ，現実空間で行われるコミュニケーションやコンテンツの生成・消費を仮想的に実現するという意味で，広義の仮想世界であると表現してよいだろう．そしてその運営者は，時には技術的なアーキテクチャ

（総務省［2007: 24］）」という定義を用いておくことにする．その他，近年のプラットフォーム・ビジネスの分析で重要視される多面市場（Multi-Sided Market）の概念を含んだ検討については，本書第8章を参照．

40）このような例外の1つとして，本書では直接的な検討対象とはしていないが，インターネット上の制度的課題として長く議論されてきた迷惑メールの問題がある．一方でインターネット上でメールの受信・送信・蓄積を管理するいわゆるウェブメールは，インターネット草創期から現在に至るまで大きなユーザー数を誇っているが，このようなウェブメールの運営者は，ここでいう典型的なプラットフォーム事業者として位置付けられよう．Winny をはじめとする P2P 型のファイル共有ソフトウェアは，情報流通の構造としては純粋な個別主体間のコミュニケーションという形態を採っているが，そのソフトウェア自体がプラットフォームとしての役割を担っているというべきであろう．そのようなソフトウェア製造者を規制者の代理人（ゲートキーパー）として振る舞わせる規制手法の詳細については，Zittrain［2006a］を参照．

を通じて，あるいはサービス利用規約等を用いた契約的な手段を通じて，利用者の振る舞いを「規制」することができる．ここでの利用者とは必ずしも UGC (User Generated Content, ユーザー生成コンテンツ) サービス等における個人の利用者に限らず，プラットフォーム上においてコンテンツやサービスを提供する事業者，いわゆるサードパーティ等も，プラットフォーム運営者が行う規制に服する主体として位置付けられる．そのようなプラットフォームの行う規制に対して政府からの公的要請が反映されていた場合，最終的な規制を受ける主体の側は，プラットフォームを通じた間接的な公的統制，すなわち本書でいう政策手段としての自主規制・共同規制に服する対象として位置付けられることになる．つまり，プラットフォームの行う自主規制とは，「政府による規制を受ける主体」であると同時に，「利用者やサードパーティ企業に対して規制を行う主体」でもあるという，被規制者と規制者という2面性を持ったものとして理解されるのである．

2.1.3 コントロール・ポイント

このような自主規制の2面性は，プラットフォームが行う自主規制に限られるわけではない．業界団体の行う自主規制を想定した場合においても，その団体の運営は通常，個別企業とは一定の独立性を保った形で行われている．そのルール策定に対する被規制者の関与度合いなどの差異は存在するとしても，同様に「政府による規制を受ける」側面と，「加盟企業に対して規制を行う」側面という2面性を持つものとして理解することができるだろう．そのような重層的な関係性を簡略に示すと，以下のようになる．ここでプラットフォームや業界団体が行う規制行為は，前章で示した定義に従えば，政府からの働きかけが比較的弱い場合には自主規制として，一方で比較的強い統制に服する場合には，共同規制として位置付けられることになる．

　　政府→プラットフォーム→個別利用者・サードパーティ企業
　　政府→業界団体→個別企業（→個別利用者・サードパーティ[41]）

---

41) 業界団体の自主規制に服する個別企業がプラットフォーム運営者であった場合，最終的な被規

インターネット上において，政府がある違法行為（著作権やプライバシーの侵害等），あるいは望ましくない行為（青少年に対する有害情報の提供等）を抑止しようとしたとき，それらを行う主体はきわめて多数に上ることが多く，情報社会の国際性・越境性により規制のエンフォースメントは困難となり，さらにインターネット上の匿名性等の要因によりそれらの主体を特定することすら容易ではない．そのような状況において，利用者に対する一定程度集権的な規制能力を持つ主体としてのプラットフォームは，分散して存在する規制対象を政府が間接的に統制するための最も望ましい対象，すなわちインターネット上の「コントロール・ポイント（Internet Points of Control, Zittrain [2003b]）」としての性質を帯びることになる．

第6章で詳細に論じられる通り，現在のインターネットにおいては，各種のサービスを提供するプラットフォーム，特に「プロバイダ（service provider）」と称される主体が象徴的なコントロール・ポイントとして浮かび上がる．我が国のプロバイダ責任制限法にも見られるように，サービス上の違法行為に対してプロバイダ自身が免責されるためには，各国の規定において一定の要件を満たすことが求められている．アップロードされた違法コンテンツについての通報があった場合には，迅速にそれを削除するというノーティス・アンド・テイクダウンに関わる免責要件の設計は，プロバイダが「自主的に」それら違法行為に対応することを促すインセンティブを与える．このような個別のプラットフォームに一定の誘因を与えるという制度設計手法も，利用者に対する規制能力を持つ私的主体と政府の間での共同規制関係として，近年の技術発展の中で重要性を増しつつある．

以上のような理解を前提とした際，「情報社会における共同規制」の本質的特徴は，以下のように再定義することができるだろう．

> 特定の問題に対応するにあたり，効率的かつ実効的なコントロール・ポイントを特定し，それらが行う自主規制に対し一定の公的な働きかけを行うことにより，公私が共同で解決策を管理する政策手法

制者は，当該プラットフォームの利用者・サードパーティ企業であることになる．

この定義は，従来から自主規制・共同規制において重視されてきた「団体」の役割を相対化することを意味する．すなわち，業界団体を介した自主規制・共同規制とは，規制対象となる企業や個人等に対する，効率的かつ実効的な規制代理能力を持ったコントロール・ポイントを創出するために，複数存在する企業を単一あるいは少数の団体という形で束ね，集権的な間接的コントロール構造を創出するための作業の，1つの類型にほかならないのである．

2.1.4 Peer Production of Internet Governance

インターネット上のコミュニケーションは，一見すると単純なコンテンツのアップロードやダウンロード等の行為においても，多様な主体の提供するサービスを介する必要がある．たとえばインターネット上の動画共有サイトにある動画をアップロードする行為を概観すれば，デスクトップ上の作業として (1) まずそのコンテンツが DRM によって管理されていた場合はその DRM を解除する必要があり，(2)そのような作業をデスクトップ OS が許容する必要がある．インターネットに接続するためには，(3) ISP (Internet Service Provider) の提供するインターネット接続サービスを利用し，(4)通信企業が保有する通信回線を経由して，はじめて (5)動画共有サイトへのアップロードは実現される．さらに多くのウェブサイトの中から利用者が動画共有サイトを発見するためには，(6)検索エンジン[42]やポータルサイト等を利用する必要があるだろう．そしてこれらの媒介者のいずれかが自主的に，あるいは政府の求めに応じてそのコンテンツの媒介を拒否した場合，動画共有サイトへのアップロードは実現されない．原理的にはこれらの媒介者のすべてが，インターネット上の個人の振る舞いを規制しようとした場合のコントロール・ポイントとして機能しうる．

そしてこれらの多くのコントロール・ポイントの行う自主規制は，当該主体のサービスの代替性が低ければ低いほど，言い換えれば当該サービスの市場が独占的であればあるほど強く作用する（Mayer-Schönberger [2008]）．現在デスクトップ OS 市場は Windows および Mac OS による複占市場が形成されてい

---

[42] コントロール・ポイントとしての検索エンジンに関わる議論については，Bracha and Pasquale [2008: 1152-1160] 等を参照．

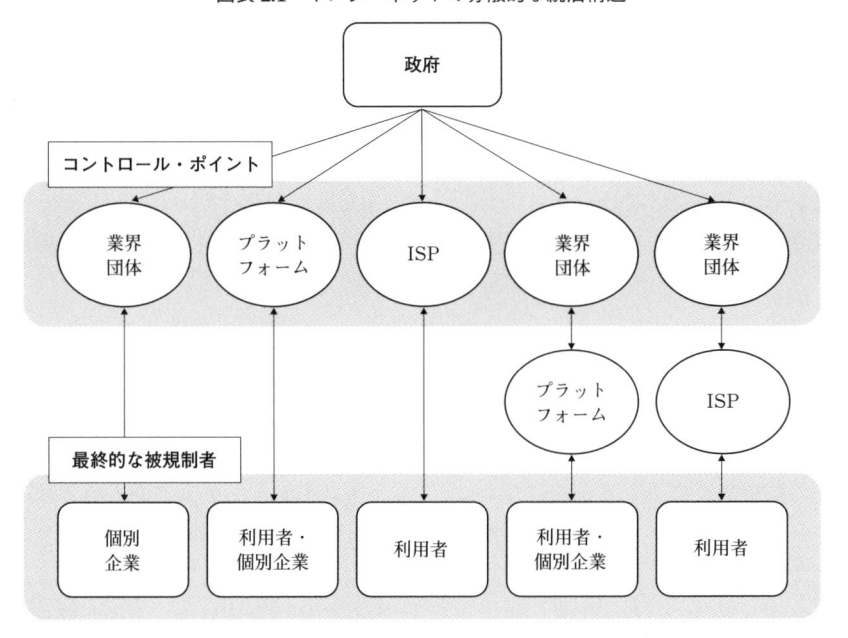

図表 2.1 インターネットの分散的な統治構造

[図: 政府を頂点として、コントロール・ポイント（業界団体、プラットフォーム、ISP、業界団体、業界団体）が並び、さらに下位にプラットフォーム、ISPが配置され、最終的な被規制者（個別企業、利用者・個別企業、利用者、利用者・個別企業、利用者）へとつながる階層構造]

るが，そのいずれか，あるいは両方が政府からの何らかの求めに従い，当該コンテンツのアップロードを遮断するという判断をした場合，その時点で利用者の行為は強力に抑止される．そしてもし一定の競争的市場であったとしても，当該サービスを提供するすべての主体に対して，業界団体等を通じた実効的な自主規制を行わせることができれば，同様に利用者の行為は規制されるのである．

インターネット上に分散する多数の主体の緩やかな連携によって行われる規制行為の総体は，Benkler [2002: 375] が Linux や Wikipedia 等のインターネット上の協働生産形式を指して用いる「Peer Production」という表現を借りれば，まさに「Peer Production of Internet Governance（Johnson et.al. [2004]）」とでも呼ばれるべきものであろう．そしてそのような，最終的な被規制者に対する規制行為を企業や団体が分散的に担いつつも，それらに対して政府が何らかの影響を及ぼしていく分散的ガバナンスの構造は，端的には**図表 2.1** のように表

現することができる．

　このような自律・分散的な主体によって形成されるガバナンスの構造は，たしかにインターネット上で生じる諸問題に対する，きわめて実効的かつ効率的な対応となるだろう．実際にインターネットの分散的性質を背景として，コントロール・ポイントへの政府からの要請は，本書で論じる著作権やプライバシー，青少年の保護をはじめとして，世界中で急速な拡大を見せている[43]．しかし一方でそれは，第1章で論じた自主規制のリスクが，インターネット上に普遍的に存在することになるという側面をも同時に併せ持つのである[44]．

2.1.5　コントロール・ポイントとしての ICANN/IETF？

　インターネット上のコントロール・ポイントには，通常のプラットフォーム企業や業界団体等よりも，より代替性の少ないものが存在する．インターネットの技術的な点をより子細に見れば，(7)シスコが大きなシェアを占めるルーターのパケット交換を介する必要があり，(8)ドメイン名を特定の IP アドレスに結びつけるための DNS（Domain Name System）ルートサーバは世界中に 13 台しか存在していない．そしてドメイン名自体の管理・調整は，その登録や販売こそ多くの私企業や各国政府によって担われているものの，(9)ICANN という世界で単一の NGO が最終的な調整能力を持っている．

　これまでのところ ICANN のガバナンスは米国商務省による関与の強化等が警戒されつつも，特定国家の強い影響を明示的に受けた振る舞いは行ってこなかった[45]．しかし ICANN のボードメンバーを長く務めたミルトン・ミュー

---

43)　特に世界各国の政府による検閲を含むコントロール・ポイント管理の拡大について，Goldsmith and Wu［2006］および Zittrain and Palfrey［2010］等を参照．
44)　Johnson et.al.［2004］は，コントロール・ポイントの行う規制行為に説明責任と透明性が欠けていることを問題視する．さらに近年では，国家によるコントロール・ポイントへの「自主的な対応」を求める働きかけの象徴的事例として，Wikileaks を巡る各国の一連の対抗措置を挙げることができるだろう．特に米国では，Joe Lieberman ら連邦議員からの要請に基づく超法規的な公私の連携（extralegal public-private partnership）により，Amazon の EC2 や PayPal, Bank of America などが相次いで Wikileaks へのサービス提供を停止した（Benkler［2011: 22-26］，キム［2011: 172］）．本書ではこのような超法規的措置の論点に深く立ち入ることはしないが，先に述べたような自主規制への逃避の問題を論じるにあたっては，別途検討を行う必要があると考えられる．
45)　ICANN と米国政府の関係性を論じたものとしては，Mathiason［2008: 70-］等を参照．

ラーが指摘する通り，ICANN のようなインターネット・ガバナンスの主体においてすら，政府の規制との協調的な役割を果たす可能性は存在する（Muller [2002]）．コントロール・ポイントとしての ICANN という観点から見たときに象徴的な問題が，2011 年に導入が決定された，アダルトサイトによる利用を念頭に置いた.xxx TLD（Top Level Domain）に関わる論争である．.xxx TLD の導入にはアダルトサイト事業者の側は総じて反対の姿勢を示してきており，導入を後押ししてきたのはむしろそうしたサイトへの規制を強化したい各国政府や市民団体の側であった（Muller [2010: 71-80]）．法規制や国家間の連携等の手段によって，アダルトサイトの運営を.xxx ドメインに限定することができれば，各国政府は個別の PC や教育機関，あるいはその国全体からアダルトサイトを飛躍的に容易に遮断しうることになるだろう．

　さらにインターネット・ガバナンスを担うもう 1 つの主要な組織である IETF においても，政府によるインターネット規制の強化と関連する議論は行われている．IPv4 のアドレス枯渇に対応する形で提唱された IPv6（Internet Protocol Version 6）の設計においては，128bit の IP アドレスの中にハードウェアの個体識別番号をも埋め込もうとする提案がなされ，市民団体等からプライバシー上の懸念が出されてきた（DeNardis [2009: 77-84]）．これは IETF というきわめて影響力の強いコントロール・ポイントが行う，インターネットの基盤的アーキテクチャの選択と決定が，サイバー犯罪の捜査等をより行いやすくするのみならず，インターネット上に広く存在するその他のコントロール・ポイントの性質をも変えうることを意味する．現状では利用者に割り振られた IP アドレスを特定個人と結びつけることは IP アドレスを割り振る ISP のみに可能であり，そのため第 6 章で論じるような P2P 著作権侵害対策を行ううえでは ISP が重要なコントロール・ポイントとなっている．しかし IP アドレスそのものが個人特定性を持つ（あるいはその蓋然性を高める）設計に変更されれば，インターネット上の諸活動に対する ISP のコントロール・ポイントとしての不可欠性は低下する．このような「プロトコルを巡る政治（Protocol Politics, DeNardis [2009]）」の過程に対して「民主的な」コントロールを及ぼすのか，国連のようなよりフォーマルな形での国際協調を図るべきか，あるいはインターネットの技術基盤自体がそうであったように，デファクトでのプロトコル策定

を促していくべきかは，今後のインターネット・ガバナンスの大きな課題であるといえよう．

2.2 共同規制の2面性

2.2.1 規制する自主規制，規制される自主規制

　先に述べたようにある主体の行う自主規制は，公私の共同規制関係において，「規制の主体」としての側面と，「規制の客体」の側面という2側面を同時に有している．自主規制という文脈を離れれば，サイバースペースにおいて，ある規制の客体がいかなる要素によってその行動を決定付けられるかという問題は，ローレンス・レッシグによって先駆的に論じられ，その後のインターネット上で生じる制度的課題に関わる議論の中でも広く参照されてきた．レッシグが図表2.2の図式を用いて，規制の要素を「法」「市場」「規範」，そして「アーキテクチャ」の4つに分類したことは広く知られる通りである．

　これらのうち，「法」は国家によって形成・執行される法制度として人を直接的に規制する．「市場」は，市場的圧力の強さや当該行為を行うために必要な金銭的コストとして，人の行動を左右する．規範は公式な制度によらない規範として，場合によっては当該コミュニティにおける非公式なルールとして外生的に，あるいは個人に内面化された価値観として内生的に人の行動を左右する．「アーキテクチャ」については，現実空間においては物理法則として人の行動を決定付けていたものが，サイバースペースにおいては企業や個人が能動的に決定可能なコンピュータ・プログラムとして，より重要な規制要素として見出される．そして法は「市場」「規範」「アーキテクチャ」それぞれに対し外生的に影響を与え，人を間接的に規制することが可能である[46]．

　上記規制枠組の4要素のうち，本書で主題とする自主規制がいずれに該当するかは必ずしも自明ではない．「規制の主体」としての自主規制を考えた際，典型的には企業等の行動倫理，あるいはオンライン・コミュニティのネチケット

---

46) 情報流通経路の媒介者を通じた間接的な表現規制に関わる憲法的問題を論じたものとして，成原［2009: 144-147］を参照．

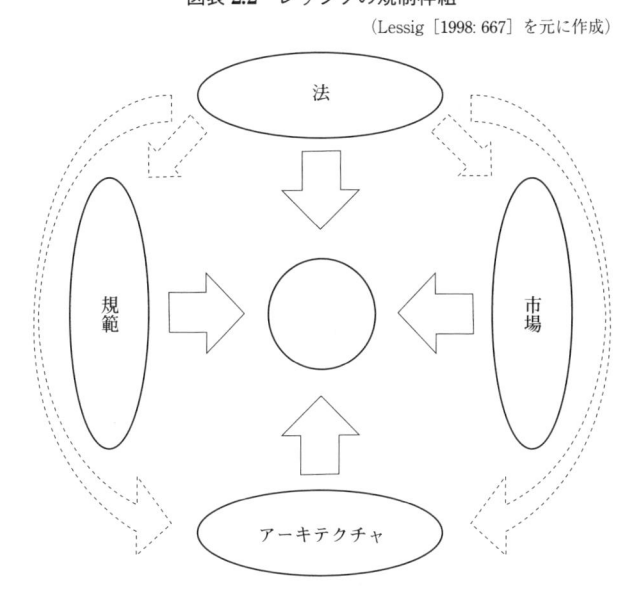

第 2 章　共同規制のフレームワーク　　　　　　　　　　39

図表 2.2　レッシグの規制枠組
（Lessig［1998: 667］を元に作成）

```
           ┌────┐
           │ 法 │
           └────┘
             ↓
  ┌────┐  →  ○  ←  ┌────┐
  │規範│           │市場│
  └────┘  →     ←  └────┘
             ↑
       ┌──────────┐
       │アーキテクチャ│
       └──────────┘
```

のような，公式な制度によらない「規範」として人々の行動に影響を与える側面を指摘することができるし，DRM やコンピュータ・コードのような技術的制限として人々の行動に影響を与える場面も考えられる．このような自主規制の規制要素としての多様性は，「自主規制」という規制そのものが，レッシグが規制一般を 4 類型に分類したことと同様の規制要素の多様性を内包することに由来する．一方で「規制の客体」，すなわち自主規制の内容がいかにして決定されるかを考えた際にも，同様の要素が影響を与えることになる．このような規制の 2 面性は，先に提示したレッシグの図式を，**図表 2.3** のような入れ子構造としての見取り図に書き換えることによって，より端的に理解可能となるだろう．

　ここで「自主規制」を行う主体は，前項で論じた通り，業界団体をはじめとする団体である場合もあれば，プラットフォーム事業者等の個別企業である場合もある[47]．そしてそれに対して外部から影響を与える外周円の 4 つの要素こそが，レッシグの想定した規制環境そのものであり，国家が直接的な決定を行

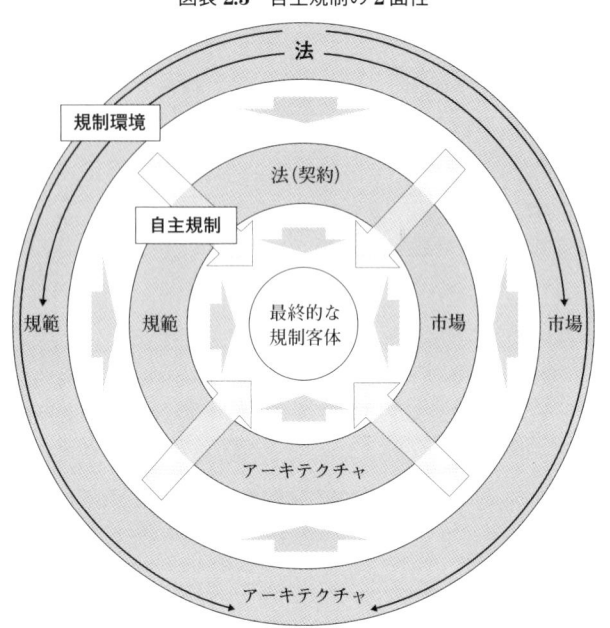

図表 2.3 自主規制の 2 面性

(図：二重の同心円。外周円は「規制環境」で「法」「規範」「市場」「アーキテクチャ」の4要素、内周円は「自主規制」で「法(契約)」「規範」「市場」「アーキテクチャ」の4要素、中心は「最終的な規制客体」)

えるのは，それらのうち原則として「法」の要素のみである．最終的な規制客体は，個別企業でも個人でもありうるが，それは内周円の自主規制の影響を受けることに加え，半透明の矢印に見える通り，当然に外周円の規制環境の制約も受ける．このような 2 面性を持つ自主規制の性質を，「法」「規範」「市場」「アーキテクチャ」の 4 類型に則り，レッシグが論じた規制一般と自主規制の相違点を意識しつつ簡略に整理していく．

2.2.2 規制する主体としての自主規制

まず，自主規制の「規制主体」としての側面についてである．ここで論じる 4 つの要素は，基本的にはレッシグの規制枠組の議論と同様であるが，いずれ

---

47) 特に第 4 章で論じるような重層的な共同規制関係（政府原則—業界団体の自主規制原則—個別企業の策定するプライバシー・ポリシー—その影響を受ける個人）となっている場合には，この見取り図はさらに円周の数を増やすことになる．

もある私的主体によって形成される「自主的」な規制であるがゆえに，能動的な設計可能性を強く有している．

2.2.2.1 自主規制の手段としての法

自主規制の主体は私人であるため，国家が形成するものと同じ意味での「法」を作ることができないことはいうまでもない．そのため業界団体と加盟企業という関係性における法とは，第一義的には当該業界団体からの除名等，私的エンフォースメント装置によって担保された自主規制ルールが想定されることになる．

それに加え，自主規制の主体が規制客体との間で結ぶ「契約」が重要な役割を果たすことがある．個別企業を主体とした場合には，サービスプロバイダの提供するサービスを利用する場面を想定することが適切であろう．SNS等のサービスを利用するにあたっては，利用者はそのサービスプロバイダと何らかのサービス利用契約を結ぶことが求められる．典型的なサービス利用契約には，サービス上での禁止事項や利用者が違反行為を行った場合のペナルティ等が定められるが，そのエンフォースメントのあり方は必ずしも一様ではない．たとえばSNSが利用契約においてメッセージ機能を利用したスパム行為を禁止していた場合，違反した利用者はアカウントの一時停止や削除等のサンクションを受けることとなる．一方で一般的に多く見られる条項ではないが，違反行為に対して一定の金銭の支払いを求めることも理論的には可能であろう．サービス利用契約の規制を受けるのは必ずしも個人の利用者には限らず，当該サービス（プラットフォーム）を利用してサービスを提供しようとするサードパーティ企業等もその対象になる．典型的には第7章で論じられるように，SNS上でアプリケーションを提供しようとするサードパーティ企業がそれに該当することになる．さらにSNSに関わる業界団体の自主規制ルールが存在していた場合には，個別SNSの利用規約は，そこで定められたルール，たとえば18歳未満の利用を禁止する等の条項をサービス利用契約に含むことになるだろう．

2.2.2.2 自主規制の手段としての規範

ここでの規範とは，サービス利用規約や業界団体等が定める自主規制ルール

において明示的に定められていないが，何らかの形で規制客体に受容されるルールを指すことになる．業界団体と加盟企業という関係においては，典型的には経団連の倫理規定等のように（神田 [2004]），明示的な罰則の存在しない倫理的ルールがこれに該当しよう．

　個別企業と利用者という関係性において規範的要素を積極的に操作しようとする場合には，業界団体や個別サービス提供者の側が，規制を受ける側に対して訓示的に規範を示すことが考えられるだろう．さらに次に述べるアーキテクチャとの交錯部分として，特定のアーキテクチャ設計によって利用者の規範形成を促すことが可能な場合もある．たとえば SNS においてサービス利用者の実名登録のみを可能とすることにより，匿名の場合と比較してフレーミングが生じにくい規範を醸成することも考えられる．さらに実名に限らずとも，インターネット・オークション等の取引履歴・評判の蓄積と開示に見られるように，個々の利用者に一定程度固定的なユニーク ID を付与することにより，評判メカニズムに基づく規範形成を促すことも，オンライン・コミュニティの設計においては頻繁に行われる手法である．

2.2.2.3　自主規制の手段としての市場

　私人による市場的規制については，業界団体を主体とした場合には，ある特定の違反行為に対する制裁金や違約金の設定を行うことが考えられる．規制客体としての個別企業にとっては，その金額は当該行為の対価としての市場的意味合いを持つ[48]．

　一方で個別企業と利用者という関係性を考えた際には，上述のような違約金のほか，当該プラットフォーム上で販売される財やサービスの価格設定という手段がそれに該当することだろう．仮想空間におけるアイテムやアバターの価格を調整するほか，現実の金銭と対応した仮想通過が用いられている場合には，その交換比率を変更するなどの手法も考えられる．通常の物理的環境においては，ある財やサービスの価格はその提供コスト，そして需要と供給によって外

---

48) この他にも情報社会に関わる手法ではないが，近年環境政策分野で用いられる排出権取引市場における単位当たりの取引価格の設定が業界団体に委ねられていたなどの場合には，その価格の調整が該当することになるだろう．

生的に左右されるが，情報環境においてはそのような制約が少ないため，サービス運営者の意思に基づき，より能動的な市場的手段を行使することが可能となる．

2.2.2.4　自主規制の手段としてのアーキテクチャ
　業界団体と個別企業の関係においては，業界団体はある財やサービスを提供する場合に必要な技術的標準を定めることがある．業界団体という形態ではないが，IETF が定めるインターネットの技術標準は，インターネットを利用するすべての主体に対して，当該標準に従うことを強制しうる．さらに第3章で詳述するように，携帯電話を通じて提供されるコンテンツに対してフィルタリング技術を適用し，業界団体の定めたレーティング基準に従わない限り青少年に対するサービス提供を不可能とする自主規制は，業界団体がアーキテクチャの設計を通じて個別企業の行動に影響を与える手法の典型例である．
　個別企業のサービス設計の中に埋め込まれ，利用者の行動を規定するアーキテクチャは，まさにレッシグが想定したような「法としてのコード」そのものを意味する．インターネット上では，このような私人の有するアーキテクチャによる規制こそが，個人や企業の活動を最も強く，効率的に決定付ける．典型的には DRM によるコンテンツの著作権保護と利用方法の制約，UGC サイトや ISP によるブロッキング技術によるコンテンツの遮断，SNS においては青少年保護の目的から18歳未満とそれ以上の利用者の間でのメッセージ交換を不可能とするような相互交流の制限等が，この範疇に含まれるだろう．

2.2.3　規制される客体としての自主規制
　次に，「規制される客体」としての自主規制についてである．これまで論じた通り，「規制する主体」としての自主規制は，それ自体が「法」「規範」「市場」「アーキテクチャ」の性質を内包している．そしてその外側に存在する同じ4つの規制要素は，それぞれが相互に影響を及ぼしつつ，企業や業界団体の行う自主規制のあり方を決定付ける役割を果たす[49]．

---

49)　したがって厳密には16通り（さらにその主体を業界団体と個別企業に分割するとすれば倍の32

2.2.3.1 自主規制を規制する法

私人の行う自主規制は，政府の制定する法による制約を受ける．ここでいう法とは，狭義の制定法には限らず，行政指導や命令等のよりインフォーマルな公的介入をも含んだものとして理解することが適切であろう．そしてそのような「政府による規制を受ける自主規制」という関係性の構造こそが，本書における共同規制の意味内容そのものとなる．業界団体の定める自主規制ルールは法に反する内容を定めることはできず，契約自由の原則を前提としても，公序良俗や強行法規に反した個別企業のサービス利用契約は実効性を担保することはできない．特に私人が有するアーキテクチャに対する法的介入は，情報社会において頻繁に見られる手法である．我が国の青少年ネット利用環境整備法におけるフィルタリング技術導入の義務付けや，第6章で詳述する欧米のプロバイダ責任制限法制に関わる著作権侵害コンテンツのブロッキング技術の導入要件等は，実質的に法によって特定のアーキテクチャを通じた自主規制を義務付けるものである．さらに第8章で論じる DRM の回避禁止規定，あるいは相互互換性の義務付け等は，法による自主規制アーキテクチャの性質や態様の改変行為であると見ることができる．

2.2.3.2 自主規制を規制する規範

自然人が規範による制約を受けることと同様，業界団体や個別企業の振る舞いに対しても，社会に広く存在する規範は一定の影響を与える．第3章のインターネット上の放送類似コンテンツ規制において論じられるような法による定めがなくとも，青少年が視聴する番組中での過度な暴力・性表現，インターネット上の各種サービスで青少年が頻繁に訪れる場所への酒類や煙草等の広告表示は，社会的な規範を反映して，それを避ける形での自主規制が行われることだろう．

通り）の関係性を論じる余地があるところだが，煩雑さを避けるため，その関係性が顕著である対応関係にのみ焦点を絞って論じる．

2.2.3.3　自主規制を規制する市場

　市場がある主体を規制するということは，当該主体が市場競争によって淘汰される可能性を意味する[50]．ショーンベルガーがレッシグの規制枠組における「コードによる規制」の適正化を論じる際に重視したように，利用者の選好に適合しない，つまり市場から受け容れられない自主規制を行うことは不可能である（Mayer-Schönberger [2008]）．たとえば米国のように包括的な個人情報保護法が存在しない制度環境においても，ある SNS 企業，あるいは SNS 業界全体が，到底消費者に受け容れられないようなプライバシーの取り扱いをしていた場合には，当該企業や業界は市場から淘汰されることになるため，自律的に一定のプライバシー保護の自主規制が行われることは期待できる．そのような意味において，ある種の自主規制を行うことは，製品の価格や数量を決定することと同様，経済的諸条件に左右される普遍的な企業活動と同様の側面を持つのである．

2.2.3.4　自主規制を規制するアーキテクチャ

　現実世界における企業の振る舞いが物理的要因によって制約されることと同様，情報空間においても技術的設計可能性を超えた自主規制を行うことはできない．加えて情報空間においても人の手の介在が必要な作業は多く，そのような物理的制約も引き続き自主規制の制約要素となろうが，技術的進歩は人間の行う処理の多くを自動化しうる．あるコンテンツの違法性や有害性の判断を技術的手段のみで行うことは容易ではなく，1990 年代から多くのブロッキング技術の開発が進められてきたが，誤ったブロッキングが行われる可能性が高いなどの理由により広範な普及には至らなかった．しかし近年のブロッキング精度の向上，さらには DPI（Deep Packet Inspection）技術等を通じた解析可能な情報の拡大と処理能力の高度化により，より効率的な自主規制の実行が可能となりつつある[51]．

---

50)　環境政策分野においては排出権取引等が市場的手法による自主規制の操作として挙げられることがあるが，いまだ情報政策分野においては明示的に用いられている事例が存在しないため，ここでは当該論点には踏み込まない．共同規制の文脈から排出権取引を論じたものとして風間 [2008] 等を参照．

2.2.4 自主規制のコントロールの困難性

　以上の整理は，あくまで簡略化のためにレッシグの規制枠組を概括的な見取り図に用いたにすぎず，自主規制は通常の自然人と同様に，より多様な制約関係の中において決定付けられるものというべきだろう．ここで強調されなければならないのは，政府が自主規制を意図した通りにコントロールすることの困難性，そしてその帰結としての自主規制の不確実性である．ある問題を抑止・解決するための共同規制関係を構築するにあたり，国家が自主規制を行う主体に対し，法制度や行政指導をはじめとする何らかの働きかけを行ったとしても，その統制が全体的な拘束性に基づく直接規制でない限り，当該自主規制はその他の3要素の複雑な影響関係の中で形成されるものである．これは政府が意図した通りの自主規制を行わせることの困難さを意味すると同時に，その働きかけの意図せざる帰結として，過剰な規制や誤った規制などの弊害を引き起こしうることをも想定する必要性を喚起する．そのような不確実な環境の中で適切な共同規制関係を構築するためには，上記で論じた4つの要素が自主規制の形成に対して与える影響とその複雑な相互作用のメカニズムを理解したうえで，共同規制の実際の運用のあり方に対する継続的な監視と補正を前提とした，狭義の「法」以外の多様な公的コントロール手法を含めた制度設計を行うことが必要となる[52]．

51）　DPIを通じたインターネット規制の高度化と，そのプライバシーや通信の秘密を含めた問題点については，Marsden［2010: 66-81］等を参照．
52）　このような法・市場・規範・アーキテクチャの要素の相互作用の中で形成される現象としての自主規制の理解は，青木［2003］やGreif［2006］らに代表される制度研究（比較制度分析）において，社会に存在するプレイヤー間の相互作用の均衡の要約表現として理解される，「制度（institution）」の一側面にほかならないだろう．均衡としての制度は，フォーマルな法や契約，あるいはインフォーマルな慣習や規範，そして歴史的文脈の影響を受けて形成され，同時に各主体にとってのゲームのルールとしても作用するという2面性を持つ．ここにおいて，政府の役割はその制度形成を決定付ける外的要素（パラメータ）の1つにすぎない．そしてその政府の行う政策は，経済取引や社会的交換をはじめとする「他のドメインにおける既存の制度および有能な経済主体の蓄積ストック等とのあいだに適合を生み出していなければ，政府ないし政治家が意図した結果をもたらさないかもしれない（青木［2003: 25］）」のである．

2.3 自主規制に対する公的統制の手段

　情報社会においては自主規制による秩序形成に多くを委ねることが望ましい，あるいは委ねることが不可避な要因が多く存在する一方で，多くのリスクや不確実性も存在する．そのようないわば「市場の失敗」を，公的主体の関与や介入により補完することが公私の共同規制の概念の根幹になるが，そこには自主規制の 2 面的性質に起因するコントロールの不確実性も存在する．公的主体による自主規制への介入には多くの方法論が存在し，それぞれの詳細については第Ⅱ部および第Ⅲ部において具体的に論じるが，ここではその代表的な手法について簡略に整理しておく．

2.3.1　ルール形成段階での関与

　まず，自主規制ルールの形成段階での関与である．このような手法の典型的な例としては，本書第 3 章の視聴覚メディアサービス指令の英国における国内法化に見えるように，法制度そのものにおいて，特定の業界団体や企業に対し，自主規制ルールの策定を行うよう義務付けることが挙げられる．さらにその役割を担うべき適切な業界団体が存在しない場合には，政府の後押しにより自主規制団体を新たに設立することで実効的なコントロール・ポイントを創出する，あるいは既存の業界団体をより強固なものとするために，人的・財政的な支援や規律付けを行うことが考えられるだろう（第 3 章，第 4 章）．さらに業界団体のような関係企業に対する一定の集中的管理能力を持つコントロール・ポイントが存在しない場合においても，プロバイダ責任制限法制における免責要件の設計のような，企業に対して違法情報等への自律的な対応を行うインセンティブを付与するという手法も（第 6 章），自主規制の形成の後押しを行うための 1 つの手段として位置付けられる．

2.3.2　適正性の確保

　自主規制ルールの公正性や，当為の政策目的に比しての十分性を担保するためには，第 6 章の英国 Digital Economy Act に見られるように，自主規制ルー

ルの適正性について，政府の側が公式な承認を行うことが考えられる．そのような公式な承認をともなわずとも，当該分野において達成すべき政策目標が一定程度明確に定まっている場合には，その内容を政府の側が一定の基準として提示し，民間による自主規制ルールの指針とする方法が採られることがある（第4章・第7章）．さらにそのルールの公正性の担保や，幅広いステイクホルダーの意見を反映させるという観点からは，ルール形成段階における政府関係者の関与や，公開討議等を通じた一般市民や消費者団体等の意見申立・参加経路を設けるよう要請することも考えられる（第5章）．

2.3.3 実効性の確保

自主規制ルールの実効性が十分でない場合には，政府がエンフォースメントの強化を目的とした介入を行うことが必要になる．まず，ルール形成の部分については民間の業界団体等にアウトソーシングを行いつつも，そのエンフォースメントや罰則の権限を政府機関が留保するという方法が考えられる．第3章で取り上げる視聴覚メディアサービス指令のように，政府機関が罰則権限を保持することを明示している場合のほかにも，第5章で取り上げる米英の行動ターゲティング広告への対応のように，プライバシー保護の具体的な内容を企業自身が定めるプライバシー・ポリシーに委ねつつも，その違反行為に対する政府機関の事後的な民事訴訟が実質的なエンフォースメント装置として機能している場合もある．また，ルール形成と実効性確保の両面を後押しする手段として，自主的な努力によって問題が抑止・解決されなかった場合には，より制限的で直接的な政府規制が行われるという「規制の影」を一定程度明確に示すことにより，自主規制のインセンティブを付与するということも考えられる．

2.3.4 透明性の確保

自主規制ルールの形成，および実効性確保の両面に関連する問題ではあるが，自主規制プロセス全体における透明性を確保することにおいても政府機関は重要な役割を果たす．ルール形成プロセスへの第三者の参加を促すほか，ルール運用についての定期的な報告書の提出や政府機関・第三者による監査を義務付けることにより，自主規制ルールの適切な運用を担保することは，自主規制の

透明性を確保する有用な手段となるだろう（第3章）．

　加えて，自主規制ルールを運用する業界団体の組織ガバナンスそのものに対する介入という手段も考えられる．この場合特に念頭に置かれる必要があるのは，ルールの策定や罰則適用を，いかに業界の利害から独立した形で機能させるかという点である．さらにその自主規制が表現行為に関わるものであった場合，表現の自由の保護の観点から，公的権力からの独立性を確保する必要性も生じる．この問題については，英国のモバイルコンテンツ有害情報対策（第4章）に見られるように，政府と民間が共同で独立の第三者機関を設立・運営するほか，一般的な業界団体が自主規制ルールの運用を行うとしても，策定や罰則適用を行う部門を独立の委員会として設置することを求め，公正性を確保するなどの対応が考えられるだろう．

2.3.5　技術的介入

　技術の持つ規制要素としての性質と，それに対する政府の介入による適正性の確保は，レッシグやライデンバーグ等の問題提起を端緒として各国の情報政策の中でも広い関心を集めるに至っている[53]．本書で主題とするようなブロッキング・フィルタリング技術や，プライバシー保護のための技術的水準等については，それが市場的・規範的要因によって産業界から自発的に提案されるものでなかった場合，たとえば我が国の青少年ネット環境整備法における青少年を有害情報から保護するフィルタリング技術の導入の義務付けのように政府の側が一定の要件を提示し，その具体的技術内容を産業界に形成させるという手法が採られる（第4章・第7章）．さらに米国の DMCA（Digital Millenium Copyright Act）が，プロバイダの免責要件として一定の著作権侵害コンテンツのブロッキング技術の導入を求めていることなども，その一例となろう（第6章）．さらに各国の著作権法等における，著作権保護を技術的に担保する DRM

---

[53]　技術に対する政府の介入のあり方という問題意識は，技術標準化に関わる議論の中で広く論じられている．相互互換性や安全性の確保のための技術標準の策定にあたっては，政府自身がその内容を集権的に決定することも可能だが，専門性の高い技術標準の形成自体は当該産業分野を代表する業界団体等によって行われ，それを政府機関が追認するという形で形成されていることが多い．私人の策定する技術標準と法制度による公式化に関わる各国の制度枠組につき，和久井［2010:10-40］等を参照．

の回避を法的に禁止する措置（第8章）などは，私人の形成する技術的自主規制のエンフォースメントを強化するための公的介入として位置付けることができるだろう．

第 II 部

「団体を介した」共同規制

第Ⅱ部では，欧米における共同規制の実践の中でも，業界団体等の「団体」を通じた共同規制のあり方を論じる．第2章で論じたように，「情報社会の」共同規制における団体の役割は，個別のプラットフォーム等の集権的なコントロール能力を持つコントロール・ポイントの一類型として，一定程度相対化される．しかし関係するステイクホルダー間での交渉に基づくルール形成やエンフォースメントの機能を持つ団体を通じた共同規制は，それが可能である場合においては，情報社会においても一定の重要性を持ち続ける．さらに第Ⅲ部で検討される「団体を通じない」共同規制関係においても，プロバイダ責任制限法制を取り扱う第6章を中心として，部分的とはいえ業界団体が介在する場合があるため，第Ⅱ部で検討する事例から導き出されるインプリケーションは一定の意味を持つ．

　業界団体を介した共同規制は，産業構造や問題の性質によって多様な形態を採りうる．ここでは典型的な「業界団体」を介した共同規制（第3章）に加え，より業界からの独立性を重視した「第三者機関」を介した共同規制（第4章），通常の業界団体に加えて政府の制定する原則が重要な役割を果たす「政府原則」を通じた共同規制（第5章）の3類型を挙げ，それぞれEU・英国における通信・放送融合に対応するコンテンツ規制枠組，モバイルコンテンツの青少年有害情報対策，行動ターゲティング広告のプライバシー問題を題材として，その公私の共同規制関係のあり方の多様性を論じていく．

第3章　通信・放送の融合とコンテンツ規制

本書の事例検討として最初に取り上げる，EU・英国におけるインターネット上の放送類似サービスに対する規制を定めた AVMS 指令（Audiovisual Media Service Directive, 視聴覚メディアサービス指令）の英国における国内法化は，EU における共同規制の実践の典型的事例として位置付けることができる．従来の放送規制をインターネット上に拡大適用する制度枠組を導入するにあたり，(1) 公的機関が事前に共同規制での対応を行うことを宣言し，(2)指名された業界団体が策定した自主規制ルールに対して公的機関が承認を行うことによりルール内容の適正性を担保し，(3)罰則権限の一部を公的機関が保持し続けることによりエンフォースメントの実効性を担保するといった，私人の行う自主規制に対する多様な公的介入の手法が試みられているのである．

3.1　インターネット上の放送類似サービス

通信・放送の融合が進展する現在，質量ともに急速に拡大を続けるインターネット上のコンテンツに対してどのような規律付けを行うべきか，あるいは行うべきでないかは，世界各国において重要かつ困難な課題として論じられている．そうしたなか，EU では 2007 年 12 月，EU 域内のコンテンツ内容規制の共通基準を定めた AVMS 指令[54]を採択した．同指令は EU のコンテンツレイ

---

54)　2007/65/EC．TVWF 指令との統合版の条文については，2010 年 3 月に公開された以下を参照．本章では他に指定のない限り，単に条文番号を指定する場合は AVMS 指令の統合版を指す．DIRECTIVE 2010/13/EU OF THE EUROPEAN PARLIAMENT AND OF THE COUNCIL of 10 March 2010 on the coordination of certain provisions laid down by law, regulation or

ヤーの規制枠組を通信・放送の融合に対応させるため，1989 年の TVWF 指令（Television without Frontier Directive，国境なきテレビジョン指令）[55]を全面的に改正する形で，2005 年に欧州委員会によって提出されて以来，審議が続けられてきたものである[56]．

TVWF 指令からの主な改正点は，メディアの多様性確保や青少年の保護，欧州製コンテンツの振興をはじめとする TVWF 指令の理念の強化・実効化を軸に，その対象範囲をインターネット上の各種メディアサービス等へ拡大すること，広告規制を緩和することの 2 点である．EU では情報通信全体におけるインフラレイヤーについて 2002 年の情報通信改革パッケージ[57]で全体的な制度枠組を構築しており，AVMS 指令の採択によってインフラ・コンテンツ全体を規定する 2 本立ての規制体系が確立した．加盟国は採択から 2 年後の 2009 年末までに国内法化を求められており，期限を迎えた年末から年明けにかけ，各国において集中的に立法プロセスが進められてきた[58]．特に英国においては共同規制の方法論による国内法化が明示的に選択され，官民共同での規制体制の構築が進められている[59]．

---

administrative action in Member States concerning the provision of audiovisual media services (Audiovisual Media Services Directive) (codified version).
55) 89/552/EEC．1997 年，97/36/EC にてポルノ番組や暴力的番組に対する青少年保護強化の一部改正が行われている．
56) TVWF 指令と AVMS 指令の間での変更点については，市川 [2008] に詳しい．
57) ユニバーサル・サービス指令（2002/22/EC），枠組指令（2002/21/EC），アクセス指令（2002/19/EC），認可指令（2002/20/EC）に加え，電子プライバシー指令（2002/58/EC）の 5 つの指令からなる．全体像については福家 [2003] に詳しい．2009 年には EU 全体の情報通信行政を司る Body of European Regulators for Electronic Communications（BEREC）の創設，市民の権利指令（2009/136/EC），より良い規制指令（2009/140/EC）による大幅な改正が行われている．
58) 国内法化期限であった 2009 年 12 月時点での各国の立法状況は以下を参照．すでに指令全体の国内法化をすませているのはオーストリア，ドイツ，デンマーク，アイルランド，オランダの 5 カ国のみであり，多くの国はパブリックコメントあるいは議会での法案審議段階であり，AVMS 指令の国内法化に関わる合意形成の困難さを示しているといえよう．http://europa.eu/rapid/pressReleasesAction.do?reference=IP/09/1983&format=HTML&aged=0&language=EN&guiLanguage=en さらに 2011 年 3 月に公開された調査結果では，16 カ国が EU の基準に適合的な形で国内法化を完了したことが示されている．http://europa.eu/rapid/pressReleasesAction.do?reference=IP/11/373&format=HTML&aged=0&language=EN&guiLanguage=en
59) 本章では国内法化分析の対象を英国に絞るが，たとえばフランスにおける AVMS 指令の国内法化を論じたものとして湧口 [2009] を参照．

第3章　通信・放送の融合とコンテンツ規制　　　　　　　　　　55

　我が国においても，従来のメディアごとの縦割りを前提とした法体系を融合時代に適合させる必要性は長く指摘されており，2005年8月からは総務省「通信・放送の総合的な法体系に関する研究会」，2008年2月からは「通信・放送の総合的な法体系に関する検討委員会」において検討が進められてきた．その中でコンテンツ規制に関しては，「通信・放送の総合的な法体系に関する研究会」が2007年に提出した最終報告書において，通信・放送の「メディアサービス」を，社会的影響力に応じて「特別メディアサービス（地上波放送に相当）」「一般メディアサービス（その他の比較的社会的影響力の強いメディアサービス）」「オープンメディアコンテンツ（一般のインターネットコンテンツ）」に3分類し，特に「一般メディアサービス」においてIPTVやVOD等の通信コンテンツに対して，AVMS指令の分類に近い規制枠組を導入することが検討されていた（総務省[2007: 16-20]）[60]．

　AVMS指令は，規定の内容・範囲それ自体が我が国の情報政策にとって重要な参照軸とされてきた一方，その具体的な実効化の側面，特に加盟国の国内法化に関わる共同規制という手法についての参照が十分になされていないように思われる．以上の問題意識に基づき本章では，(3.2)AVMS指令の規定内容，(3.3)共同規制という特徴的な手法に基づく英国での同指令国内法化のプロセスを検討した後，(3.4)我が国における法政策との対比を念頭に置いた検討を行うことにより，インターネット上の放送類似サービスへの規制において，共同規制という手法を用いる際の含意と留意点を明らかにしていく．

3.2　視聴覚メディアサービス（AVMS）指令

3.2.1　「視聴覚メディアサービス」の定義

　AVMS指令では，規制の対象となる「視聴覚メディアサービス」を，サービ

60）　しかしその後の「通信・放送の総合的な法体系に関する検討委員会」が2009年に提出した答申（総務省[2009]），および2010年11月に成立した改正放送法の中では，放送コンテンツ規制に対する若干の改正（放送番組の種別の公表等）こそ行われているものの，規制強化への懸念を背景に，インターネット上の放送類似サービス全般に対する規制のあり方が具体的に示されることはなかった．

ス提供者による編集責任（editorial responsibility）が及び，公衆の大多数（significant proportion of the general public）によって受信されることを意図し，彼らに強いインパクトがある動画像サービス（テキストや写真のみのコンテンツは含まれない）と定義付けている（1条）．これは通信と放送の境目が曖昧になる中で，従来のような通信や放送といった配信メディアの技術的特性による縦割りの規制を行うのではなく，いかなるメディアを介して提供されようとも同等の社会的影響力を持つコンテンツに対しては一律の規制を課そうとする，「メディアの技術的中立性（technological neutrality）」を企図したものである[61]．

一方，サービス提供者による編集責任が及ばず，私的な通信とみなされる一般のインターネットサービスは指令の対象外とされる．特に e-mail のような私信や，動画像の提供が主目的ではなく付随的に用いられるサービス（動画像を含むウェブサイト・ニュース記事やオンラインゲーム，検索エンジンなど）（前文22），電子新聞や電子雑誌（前文28）などは明確に同指令の対象外とされる．

AVMS 指令の審議過程において特に問題となったのは，インターネット上で提供される多様な動画サービスが，どこまで同指令の対象に含まれるかという点である．インターネット上の動画サービスはいまだ発展中の段階にあるが，大規模な商用コンテンツを中心とする IPTV（Internet Protocol Television）や VOD（Video on Demand）のような商業的サービスから，YouTube などの UGC を中心とするサービスまでその質・量ともきわめて多様であり，対象範囲の大小によってインターネット上の表現活動に大きな影響を及ぼすからである．

この点については，まず前文21において UGC 動画サービス[62]を視聴覚メ

---

61) 一方，サービス提供者による編集の有無によって規制の有無が左右されることは，時と場合によって同一のコンテンツが異なる規制を受けることになり非合理的だという批判もある（たとえばテレビ放送されたコンテンツが YouTube などにアップロードされた場合は同指令の対象外となることなどを想定．Onay [2009: 339] などを参照．なお，そもそもこの点放送規制の根拠を「社会的影響力」に置くか，あるいは「電波の有限希少性」に置くかという問題は我が国でもいまだ議論の尽きないところであるが（電波希少性説を採る場合，放送規制をインターネットに敷衍しようとする AVMS 指令の発想自体が正統性を得がたい），ここではこの点については深く立ち入らず，Bollinger らの部分規制論を念頭に，社会的影響力のみによって放送規制の根拠が成り立つという前提に立って論を進める．この点につき，諸外国の学説状況を含めた近年の議論のレビューとして清水 [2008: 65-69] 等を参照．
62) AVMS 指令中においては「provision or distribution of audiovisual content generated by private users（前文21）」という表現がなされている．

ディアサービスの定義に含めないことが確認されている．さらに視聴覚メディアサービスの定義において決定的な要素となる編集責任の概念は，後述するリニアサービス（サービス提供者がプログラム編集責任を持つサービス）であれば番組のスケジュール策定，ノンリニアサービス（視聴者が好きなときに好きな番組を見られるサービス）であれば番組のカタログ構成に対する効果的な（effective）コントロール能力であると定義され，コンテンツに対してサービス提供者が負う各種の法的責任を含むものではないと明示されている（前文25, 1条1-c)．これはUGC動画サービスの提供者が，電子商取引指令（2000/31/EC, 第6章参照）12〜14条でインターネット・サービスプロバイダが責任を課されうる基準として示されるような，利用者から投稿される違法コンテンツに対する削除義務等を負っていたとしても，それをもってAVMS指令の定める編集責任に当たるものではないことを意味する．

3.2.2　リニア／ノンリニアサービス

視聴覚メディアサービスは，以下の2つに分類される．コンテンツ規制としては，リニアサービスに対しては従来の放送規制と同レベルの強い規制が課せられる一方，ノンリニアサービスに対しては最低限の基準のみが課されることになっている．

- リニアサービス（あるいはtelevision broadcasting）：通常のテレビ放送や一部のIPTVのように，サービス提供者が時間軸でのプログラム編成を行うサービス．
- ノンリニアサービス（あるいはon-demand visual media service）：VODのように，サービス提供者が用意した番組カタログの中から，視聴者の求めに応じて番組を提供するサービス．

これは要するに，プッシュ型サービスとプル型サービスの分類と言い換えることができる[63]．それぞれのサービスに対して課せられる規制は以下の通りで

---

63) 近年の技術進歩の中では両者の区分はもはや明瞭ではなく（たとえば主に録画用途で利用され

ある．

・リニア／ノンリニアサービス双方に課される共通基準：編集権を有するサービス提供者情報の開示（5条），人種・性別・宗教・国籍等に関わる差別助長の禁止（6条），視聴覚障碍者への段階的対応（7条），青少年等に対する一般的配慮（12条），欧州製コンテンツの振興（13条）．
・リニアサービスにのみ課される追加的要件：放送時間帯の半分以上を欧州製コンテンツとすること（16条），放送時間帯の制限や警告等[64]を通じた青少年等への配慮（27条），報道等による権利侵害に対する反論権への対応（28条）．

　リニア／ノンリニアサービスの間でこうした段階的な規制を採用した背景には，リニアサービスには従来の放送サービスが含まれるため従来の規制基準を基本的に敷衍する必要があること，そしてノンリニアサービスにおいてはたとえば青少年に有害なコンテンツを視聴者が能動的に避けることが容易である一方，リニアサービスにおいては従来の放送であれ IPTV であれ，視聴者が「何を見るか」の選択は，一定程度プログラム編成者の管理下に置かれているという要因があるように思われる．
　これらの基準は，いずれも EU 加盟国が従うべき最低基準であり，加盟国においてより強固な規制が行われることを妨げるものではない．規制の管轄については，TVWF 指令における発信国主義の原則（country of origin principle）が AVMS 指令でも維持されており（前文33，41），EU 域内のいかなる国でその視聴覚メディアサービスが視聴されようとも，課される規制は発信された場所の国内法に従うこととなる（2条(4)-(6)）[65]．

　　るリニアサービス等を想定），こうした区切りは困難であるという批判につき，Ridgway [2008: 110] 等を参照．
64）　アダルト番組等を放映する際の音声による警告や注意表示等の手段が含まれる．
65）　ただし，たとえば英国から発信された番組をフランスで受信する場合に，フランスの法律によってフランス国内での再送信（re-transmission）の制限を行うことを妨げるものではない．このような発信側の加盟国で許される表現が受信国において許されない場合にいかなる対応を行うかという問題は，特に衛星放送の利用が本格化した 1980 年代から TVWF 指令の制定に至るまで大きな課題

3.2.3 広告に対する規制

視聴覚メディアサービスに付随して提供される広告に関しては，リニア／ノンリニアサービスに関わらず以下の点が一律の規制として課されている．

・視聴者が判別不可能なサブリミナル広告，およびタバコや処方箋薬などのスポンサー付き広告の禁止（9条，10条）．
・プロダクト・プレイスメント広告[66]については，映画やドラマシリーズ，スポーツ，エンターテイメント番組等に限り，番組の最初と最後に視聴者に対してプロダクト・プレイスメント広告が行われていることを明確に示した場合のみ認められるものの，子供向け番組や報道・ドキュメンタリー等では一律の禁止（11条）．

これらに加え，リニアサービスに関してはTVWF指令におけるテレビ広告規制を敷衍する形で，消費者が番組と広告（テレビショッピングを含む）の明瞭な区別を行える措置をとること（19条，24条），アルコール類の広告に関する一定の基準（22条），スポット広告は1時間あたり12分間を超えないこと（23条）といった追加的要件が定められた．ただし，チャンネルの多様化やデジタルビデオレコーダー（DVR）の普及等により消費者が広告を避ける手段が多様化していることなどに鑑み，スポット広告の挿入に関しては番組の全体的な統合性を大きく損なわない限りにおいて放送事業者に一定の柔軟性を与えること（前文85），1日の広告総量規制の廃止などの規制緩和も行われている．

以上のAVMS指令の規制を，その他のレイヤーの規制枠組と合わせて概略的に図示すると以下の通りになる（図表3.1）．

となっており，各国の裁量性を尊重しつつも管轄権の一定の整理を行うために発信国主義を原則としたルールが形成されるに至っている．発信国主義の経緯の詳細につき，Price [2002: 76-80] 等を参照．

66) 通常のCMのように番組時間とCM時間を明示的に区別せず，番組中にスポンサー企業の商品等を表示したり，出演者に使わせたりするタイプの広告を指す．

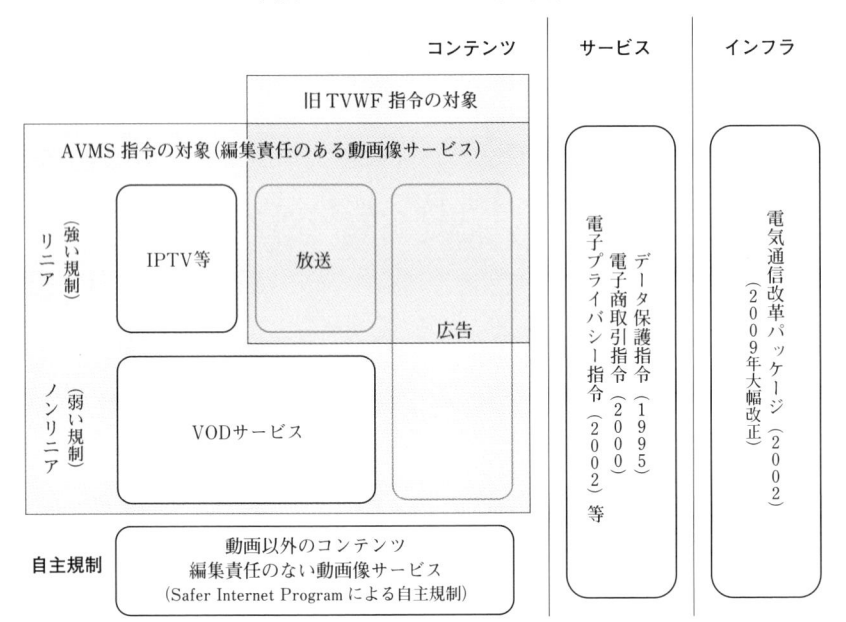

図表 3.1　EU のレイヤー別規制枠組

	コンテンツ	サービス	インフラ

旧 TVWF 指令の対象

AVMS 指令の対象（編集責任のある動画像サービス）

（強い規制）リニア：IPTV等／放送

広告

（弱い規制）ノンリニア：VODサービス

データ保護指令（1995）／電子商取引指令（2000）／電子プライバシー指令（2002）等

電気通信改革パッケージ（2002）（2009年大幅改正）

自主規制：動画以外のコンテンツ／編集責任のない動画像サービス（Safer Internet Program による自主規制）

3.2.4　自主規制・共同規制による国内法化

AVMS 指令 4 条(7)には，以下の文言が置かれている．

> 加盟国は，本規制の対象となる領域において，各国法が許容する範囲で，各国レベルにおける共同規制および/あるいは自主規制（self-regulation）の方法論を促進するものとする（shall encourage）．それらの方法論は，各国内において効果的なエンフォースメントに寄与し，関連する主要なステイクホルダーに広く受け入れられるものでなければならない．

これはつまり，AVMS 指令における規制内容について各国が必ずしも法律による直接規制を行う必要があるわけではなく，産業界をはじめとする民間の取り組みを尊重した，自主規制・共同規制スキームでの対応を明示的に推奨していることを意味する．これは特に表現規制という各国の価値観の相違が表面

化せざるをえない法制度を加盟国が国内法化する際に，直接的な規制よりも各国の多様性を反映した対応を行いやすい規制手法を許容することにより，各国における国内法化の円滑化を図っているものと見ることができよう．

3.3 英国における共同規制を通じた国内法化

3.3.1 Ofcomによる全体枠組の策定

英国における AVMS 指令の国内法化は，情報通信分野の所管省である DCMS（Department of Culture, Media and Sports，文化・メディア・スポーツ省）と Ofcom の協力により進められている．2008 年に DCMS から AVMS の実施に関する関係業界への意見聴取（Public Consultation）が行われ（DCMS [2008]），詳細な規制内容の決定や実行は，放送および付随する広告分野の規制を担っている Ofcom へと付託されることとなった．英国においては，すでに通信・放送全般の規制内容を定めた 2003 年通信法において，放送サービス（television licensable content service）を AVMS 指令のリニアサービス全体を含むことのできるよう技術中立的に定義していることから，リニアサービスに関する大幅な制度改正等は必要なく[67]，従来規制の対象外であったノンリニアサービス，すなわち VOD サービスの規制枠組の構築が中心的な課題となった．

2009 年 9 月には，Ofcom によって VOD サービスおよび VOD 上での広告に関する規制についてのより詳細な内容を含めた意見聴取が行われ[68]，2009 年 12 月には規制指針が決定される（Ofcom [2009b]）．Ofcom の決定の概要は以下の通りである．

・英国においては AVMS 指令の求める最低限の規制を行い，対象範囲および内容ともにそれを超える規制は行わない．
・直接的な法規制等は行わず，産業界の自主的な取り組みを尊重しつつも，

---

[67] 2003 年通信法 232 条および DCMS [2008: 10-11] を参照．
[68] VOD サービス事業者（BT, BBC Worldwide, Talk Talk, Virgin 等）および広告事業者団体（Advertising Association）等から合計 32 件（うち 8 件は非公開）の意見が出されたが，おおむね Ofcom の方向性を支持する内容である（Ofcom [2009a]）．

Ofcom が一定の補強力を保持する共同規制スキームでの国内法化を行う.
・VOD の内容規制については，業界団体である ATVOD（The Association for Television on Demand, VOD 協会）と協議を行い，対象となる VOD の定義や，事業者に対するエンフォースメント措置を含めた自主規制についての具体的な行動基準を策定させる.
・VOD のサービス環境について，段階的に視聴覚障害者に対して利用しやすい対応を行うようサービス提供者に働きかけを行う.
・VOD コンテンツのラインナップにおいて，欧州製コンテンツの比率を増加させるよう事業者に対する働きかけを行う[69].
・VOD で表示される広告については，広告分野の自主規制機関である ASA（Advertising Standards Authority, 英国広告基準機構）に規制権限を付与し，規制内容の策定について協議を行う.

　Ofcom の決定プロセスに合わせ，2009 年 11 月には，VOD およびそれに付随する広告が一定の規制に服すること，規制権限を Ofcom に付託することなどを内容とした 2003 年通信法の改正が行われ[70]，AVMS 指令のノンリニアサービスの定義に対応する形で 368 条に VOD サービスが同法の規制対象となる旨の規定が挿入された．さらに 2010 年 3 月には，Ofcom の決定を実行に移すため，VOD サービス事業者は Ofcom に対して届出を行うこと，届出を行わなかった場合の罰則措置などを定めた追加の改正が行われている[71].

　本決定によって Ofcom は，VOD およびその広告に関する規制権限の多くを民間団体である ATVOD および ASA に与えることとなるが，これは Ofcom がそれらの規制権限を失うことを意味しない．Ofcom は彼らと平行して，あるいはそれらに替わって権限を行使することがあるとし，特に 2010 年の通信法改正によって定められた届出義務違反に対する罰則措置（届出の強制か罰金，あ

---

69) 視聴覚障害者への対応と欧州製コンテンツの比率増加に関しては，ATVOD がそれを実現するための行動計画を策定し，Ofcom の承認を受け，年次レポートを提出する必要がある (Ofcom [2009b: 6]).
70) The Audiovisual Media Services Regulations 2009
71) The Audiovisual Media Services Regulations 2010

るいはその両方）の行使はOfcomのみが行使しうる権限であるとするほか，特定のサービス形態が規制対象としてのVODサービスに含まれるか否かをATVODが判断するのが困難である場合は，Ofcomの判断を仰ぐものとしている（Ofcom [2009b: 18]）[72]。Ofcomは規制権限を両者に付託するにあたり，(1)活動を行ううえで必要な財政的裏付けを持つこと，(2)VODサービス事業者からの十分な独立性を確保すること，(3)規制の実行にあたっては透明性や説明責任に留意すること，(4)目的と比例してふさわしい手段を採ること（proportionate），(5)必要最低限の場合においてのみ一貫した活動を行うことといった条件を提示している（Ofcom [2009a]）。

3.3.2 ATVODの取り組み

ATVODは，元来VODサービス分野における純粋な民間の業界団体として設立されたが，AVMS指令におけるVOD規制を管轄する共同規制機関（co-regulatory body）として，2010年3月18日に正式にOfcomから指名された（Ofcom [2010a]）。それに合わせ業界からの独立性確保などを主眼としたATVODの全体的な組織改革が行われ，Ofcomの消費者パネルの議長代理やNational Consumer Council（全英消費者協議会）の最高責任者などを務めた経験のあるルース・エヴァンスが独立の議長（Chair）に，CEOには英国の映画レーティングを行うBBFC（British Board of Film Classification, 全英映像等級審査機構）に勤務経験のあるピート・ジョンソンが選任された。Ofcomとの共同規制体制において，ATVODが行う主な業務内容は以下の通りである[73]。

- 規制対象となるVODサービス事業者からの届出を受け付け，ホームページ上に事業者リストの提示を行う。
- 届出事業者から手数料の徴収を行い，その手数料によってATVODの財源が賄われる[74]。

---

[72] この他ATVODの責務にはAVMS指令およびOfcomの規制枠組を事業者等に広く周知することが含まれており，同指令の解説資料等を作成している。Information for providers of video on demand (VOD) services. http://www.ofcom.org.uk/tv/ifi/vodservices.pdf

[73] http://atvod.co.uk/assets/documents/members/pdf/press-release.pdf

・事業者が行うサービスが規制対象となるかどうかを判断するためのガイダンスを発行し，ウェブサイトに掲載する．
・VOD 規制に関わる新たなルールを策定・発行すると同時に，それに関わるガイダンスを発行し，ウェブサイトに掲載する．
・VOD に関する消費者等からの苦情はまず提供事業者自身が受け付けるが，それによって問題が解決されない場合は ATVOD が対応を行う．

ATVOD のガイドライン案に対しては 22 件の意見が提出され，おおむね ATVOD の案を歓迎するものであったものの，ATVOD に対する Ofcom の関与が強すぎるのではないかという意見や，直接規制ではなく共同規制を採ることで得られる利益を明確に特定すべきという意見も見られた（Ofcom［2009b: 50-51］）．2010 年 4 月 8 日にはいかなるサービスが規制の対象となるかの基準[75]および届出手順[76]のガイダンスが公開されている．

3.3.3　ASA の取り組み

VOD に関わる広告の規制については，広告分野の自主規制機関である ASA に権限が委譲されている．ASA は 1962 年に広告業界によって設立され，放送広告の自主規制基準である BCAP（Broadcast Committee of Advertising Practice）Codes，および放送以外の広告自主規制基準である CAP（Committee of Advertising Practice）Code などを通じて，英国におけるテレビ・ラジオ・新聞・雑誌・インターネット等の多様な媒体における広告規制の中核的役割を担っている．

ASA の運営体制において特筆すべきは，政府および業界団体からの独立性，そして業務実行の公平性を担保するための組織ガバナンス設計である．BCAP Codes および CAP Code 自体は ASA 自身が起草・決定するのではなく，広告

---

[74]　ATVOD の予算は 2010 年 4 月から 15 カ月で約 400,000 ポンドと見積もられており，当面の組織そのものとしては小規模であることが窺われる．ATVOD の予算規模を含めた料金決定経緯の詳細については以下を参照．http://atvod.co.uk/downloads/consultation.pdf

[75]　http://atvod.co.uk/downloads/who_should_notify.pdf

[76]　http://atvod.co.uk/downloads/how_to_notify.pdf

業界の関係者および消費者の代表等で構成される BCAP および CAP によってそれぞれ行われ，ASA 自身は各コードに関わる事務作業や消費者・関係者からの苦情対応，違反者に対する罰則実行等の業務を担う．英国政府からの補助金等は受けておらず，運営の財源は加盟する広告事業者からの徴収金（広告費の 0.1 ％）によって賄われるが，その徴収業務は ASA からは切り離され，BASBOF (The Broadcast Advertising Standards Board of Finance) および ASBOF (The Advertising Standards Board of Finance) という独立した企業が請け負っている．これは ASA 自身が，どの広告事業者が ASA の運営を財政的に支えているかという情報を持たないことにより，業務における中立性を確保するための措置であるとされる[77]．

ASA（および BCAP, BASBOF）はすでに 2004 年には BCAP Codes に基づく放送広告規制について，公式な MoU (Memorandum of Understanding, 覚書)[78]に基づく Ofcom との共同規制的な協力関係を構築しており，同体制を VOD 広告規制に敷衍する形となる．ASA からのプロポーザルにおいては，(1) 定期的に改訂される CAP Code の付属文書に，AVMS 指令の内容および Ofcom が規定する内容を盛り込むこと，(2) 提出された苦情件数やその内容を含む定期的な報告を Ofcom に行うこと，(3) 規制基準に関する日常的な業務については ASA が担当するものの，Ofcom は引き続きその規制権限を保持し，深刻なケースや繰り返しの違反等については直接 Ofcom が介入する余地を残すことなどが示されている．

ASA のプロポーザルに対しては合計 22 件のコメントが寄せられたが，VOD 広告規制の権限を ASA に与えることに反対した意見は存在しなかった (Ofcom [2009b: 67])．関係事業者からは，(1) ASA から Ofcom への業務報告は年次レポートよりも頻繁に行われるべき，(2) 徴収金について，特にテレビ放送された CM が VOD でも放送される際などに二重取りにならないよう公平性に配慮すること，(3) 番組中に表示されるプロダクト・プレイスメント広告等については，ATVOD との二重規制にならないよう ASA に権限を集中させることなどの要

---

77) http://asa.org.uk/About-ASA/Funding-and-accountability.aspx
78) http://www.ofcom.org.uk/consult/condocs/reg_broad_ad/update/mou/

望が出され，Ofcomはそれらを承認する形でASAとの協議を進めることが確認されている．

3.3.4 政府関与のあり方

以上のように，英国においてはAVMS指令の国内法化を，業界団体の自主規制を推進・支援しつつも，政府による一定の補強措置を残すという共同規制手法により実現しようとしている．そのときの自主規制に対する政府の関与のあり方には，大きく分けて以下の2つの方向性を見出すことができる．1つは，Ofcomと業界の対話による自主規制基準の策定や，業界団体のOfcomに対する定期的な報告，さらには悪質な事業者等に対する介入権限をOfcomが留保することなどを通じて，規制の実効性を確保するための関与である．もう1つは，業界団体による規制行為の公正性を担保するための関与である．業界からの独立性の確保や資金徴収の分離といったガバナンス上の工夫を明確化することにより，恣意的な運用による特定の事業者や新規参入の排除といった，自主規制の持つ潜在的なリスクを抑止しようとしているのである．

3.4　検討——我が国との対比を念頭に

3.4.1　AVMS指令の参照とその限界

冒頭で述べた通り，我が国においてもAVMS指令と同様のインターネット上の放送類似サービス規制が検討されていたものの，現時点では明示的にそのような規制枠組を導入するには至っていない．しかし将来的にインターネット上の放送類似サービスが「現行の放送と同様の特別な社会的影響力を有」するようになるなどの中で（総務省［2007: 17］），一定の規制の必要性が論じられる可能性も存在する．ここでは我が国の状況との対比を念頭に，英国の共同規制の枠組から得られる示唆を論じる．

第一に，そもそも我が国においても，AVMS指令の規定するようなインターネット上の放送類似サービスへの内容規制を導入する必要性があるかという点である．EUでAVMS指令が導入された背景には，放送類似サービスへの一定の規律付けに対する必要性に加えて，(1)前身であるTVWF指令と同様に，

EU 域内における規制に最低限の共通基準を定め各国ごとの規制の過度の差異をなくし，国境を越えたメディアサービスの実現を促進すること，(2)そして発信国主義の原則をインターネット上のサービスにも適用拡大することにより，サービス提供者が従わなければならない規制の重複性や複雑性を回避するという，EU の社会・経済的構造に特有の目的がある (Newman [2009: 160])．これは EU の指令が元来規制枠組の異なる各国市場間での共通市場の実現を重視しているところ，同様の背景が存在しない我が国においては，少なくともこの側面において規制の必要性自体が相対的に低いと考えることが妥当であろう．電波の有限希少性という放送規制の重要な根拠が存在しない放送類似サービスにおいて，そのような規制を設ける必要があるのか否かについて，今後の同サービスの社会的影響力の拡大等を注視しつつ，慎重な判断を行う必要があると考えられる．

　第二に，共同規制という国内法化の手法に関してである．すでに述べたように，AVMS の規制内容自体は我が国の政策形成過程においてもたびたび参照されてきたものの，その規制内容の国内法化において用いられる共同規制という手法について論じられることはほとんどなかったように思われる．いうまでもなく，EU の各指令は加盟国に国内法化されてはじめて直接的な効力を持つ．AVMS 指令の規定を各国が字句通りに制定法による国内法化を行うのではなく，民間の自主規制を活用しつつも，それによって生じうるリスクを回避するため一定の公的介入を行う共同規制手法によって実現されていることは，上記第一の点と合わせ，EU 外の諸国が EU の指令を参照するにあたり重要な意味を持つ．AVMS 指令 4 条(7)における自主・共同規制による国内法化を許容した規定，そして共同規制に関わる各国の実践を念頭に置くことなく国際的な先例として参照することには，一定の限界があるというべきだろう[79]．

3.4.2　自主規制に対する一定の公的関与

　次に，共同規制の意味する「自主規制に対する一定の政府関与」という概念

---

79)　冒頭で述べた我が国における 2007 年以前の「メディアサービス」分類の導入議論においても，AVMS 指令の規制枠組そのものに対する言及はしばしば行われていたものの（総務省 [2007: 5-6] 等)，AVMS 指令 4 条(7)をはじめとする共同規制手法による国内法化の論点への言及は見られない．

に関してである．いうまでもなく，我が国の放送分野においても，英国のOfcomほど公的介入が明確でないとはいえ，放送法等の要請に従う形でBPO（放送倫理・番組向上機構）をはじめとする自主規制が行われてきた[80]．今後放送類似サービスに対する規制が我が国で導入されることとなったとしても，そのような手法が採られることは想像にかたくない．このような一定の公的関与を前提とした民間の自主規制を「公的権力の影の下での自主規制（Newman and Bach [2004]）」ということがあるが，そこで念頭に置かれることが多いのは，公的機関が最終的な罰則権限を留保することなどを通じて自主規制の有名無実化を避けるための関与であり，実際にOfcomも事業者の届出義務違反等に対する罰則権限の留保を明示するなど，規制の実効性確保のための配慮を行っている．しかしOfcomの共同規制枠組において興味深いのは，むしろそのような典型的手法以外の自主規制への公的関与である．

　第一に，Ofcomはその規制権限の多くを業界団体であるATVODおよびASAに委託しつつも，規制内容の策定および実行においては，詳細な年次活動報告の提出義務をはじめとして，両団体の活動の透明性や説明責任の確保を中心とした条件を明示的に付与している．さらに業界からの独立性を念頭に置いたATVODの組織ガバナンス面での改革や，ASAの手数料徴収機能の分離等も，Ofcomからの明示的な要求を受けて行われたものではないとしても，公式・非公式の官民の交渉によって行われたものと考えることが妥当であろう．第2章で指摘した通り，業界団体による自主規制は既存の事業者を中心として行われるものであるがゆえに，ともすれば新規事業者による参入を阻害するためのカルテル的性質を持つ，あるいは業界団体による過度の私的検閲が行われるなどのおそれがある．ことさら既存の放送産業と比べて参入障壁が低く，頻繁な新規参入と事業者の淘汰による産業の進化が期待されるインターネット分野において，このような自主規制の透明性を担保するために行われる公的関与は，規制の実効性という点のみならず，インターネット上の表現の自由の実質的確保，ひいてはイノベーションの促進という観点からも積極的に評価すべき側面

80）　我が国の放送法における番組編集準則等の規律と，各放送局やBPOの自主的規律の関係性につき，清水［2007］等を参照．

を有するといえる.

　第二に，AVMS 指令の規定上，規制対象事業者の判断が不可避的に困難性をはらむ関係上，特定の放送類似サービスが規制対象となるか否かの最終的な判断権限を Ofcom が留保することをはじめとして，規制範囲の判断権限，そしてそれにともなう責任を Ofcom が担っていることである．近年の自主規制の拡大について指摘されるように，規制行為を私人に委託することは，公的機関が当該規制を行う場合には当然課せられるはずの公法的制約，あるいは規制にともなう失敗（表現行為に対する過度な萎縮効果等）に対する説明責任を回避するために行われるおそれがある．すでに論じた点を含め，Ofcom からの委託を受ける民間の共同規制機関に対して説明責任を課すのみならず，そのような共同規制によって生じうる帰結への最終的な説明責任を Ofcom 自身が担う形式を採っていることは，少なからず民間の「自主性」を損なうことにはなるとしても，規制の正統性を担保するうえでの 1 つの方途として理解すべき点を有する．

　今一度整理すれば，Ofcom の共同規制枠組は，AVMS という規制枠組を導入するにあたり，「実効性の欠如」に加え，「カルテル性・私的検閲」そして「自主規制への逃避」といった，自主規制が持ちうる複数のリスクへの対応を模索する作業といえるのである．

3.5　小括

　情報社会における安心・安全と，自由な表現活動や技術革新の実現を両立させていくために，AVMS 指令の全体像と EU・英国の自主規制・共同規制枠組，そしてその実際の応用に対するより一層の分析を通じて，我が国が学ぶべき部分は少なくない．ただ，本章で取り扱ってきた AVMS 指令の国内法化はいまだ進行中の事象であり，適切な含意を見出していくためには，引き続き推移に着目し，特にその実際の機能度合いに対する評価を行うことが必要になる．また，英国以外の EU 各国，および米国をはじめとする異なるアプローチを採る諸外国との比較検討は，今後の課題として位置付けられよう．

第4章 モバイルコンテンツの青少年有害情報対策

前章ではインターネット全般における動画コンテンツの問題について取り扱ったが，本章では主に携帯電話上で提供されるモバイルコンテンツに焦点を絞った共同規制の展開について，欧米の規制枠組の比較検討を行う．この事例には，業界関係者等によって形成される一定の集合性を持った団体が共同規制の担い手となっているという点，そしてそれに対する自主規制ルールの適正化やエンフォースメントの強化を目的とした公的介入が行われている点をはじめとして第3章と同様の側面が多く見られるが，そこではモバイル産業という産業分野の独特の構造的性質を主因として，政府を含めた関連する複数のステイクホルダーによって構成される，「第三者機関」が共同規制を主導する形が採られている．

4.1 第三者機関を通じた共同規制

4.1.1 「青少年有害情報」規制の困難性

1990年代以降急速に普及した携帯電話は，21世紀に入りインターネット接続機能の搭載やスマートフォンの拡大を契機として，急速な高機能化やリッチコンテンツ化が進み，現在では通常のPCと比しても遜色のない機能を有するに至っている．携帯電話によるインターネット利用の拡大は，その可搬性の高さやデバイス自体が比較的安価であることなども影響し，日本を含む各国のインターネット利用者層の拡大に大きな役割を果たしてきた側面がある．しかし一方で，十分な判断能力を持たない青少年の利用が拡大するにともない，通常のPC以上に親や教師の目の届きにくいモバイル上でのコンテンツ利用は，そ

こで提供される性表現や暴力表現といった，いわゆる「青少年有害情報」から，青少年をいかにして保護するかという問題を提起している[81].

しかし青少年有害情報[82]に対して，直接的な政府の規制によって対応することは困難である．前章で論じた放送類似コンテンツの問題同様，電波の希少性をはじめとする規制根拠の存在しないインターネット上のコンテンツに関しては，政府による直接的な規制や検閲行為が極力控えられる必要があることはいうまでもない．しかしそれ以上に問題となるのは，規制対象となる「有害情報」の概念定義を画一的に定めること自体の困難性である．著作権侵害や名誉毀損といった明確に法的なサンクションが定められている違法情報と異なり，いかなる情報が有害であるかは，その社会的集団の性質や価値観によって大きく異なり[83]，それに加え受け手である青少年やその親の思想や信条にも大きく依存する．規制対象である情報のこのような流動的性質は，その規制の実行にあたって，コンテンツを提供する事業者・表現者や，情報を受け取る当事者およびその保護者の意思を反映させるためにも，自主規制が用いられる必要性をより一層高めることとなる．

4.1.2　モバイル産業の構造的特質と有害情報

一方でモバイル分野の産業構造は，自主規制や共同規制を用いた対応に適合性が高い側面を持つ．モバイル上でコンテンツを提供するためには，携帯電話事業者の保有する携帯電話回線，そしてそれら事業者の運営する課金・決済機

---

81) モバイルを含めたインターネット上の青少年保護に関しては，この他にもネットいじめや売買春といった不適切な接触・コミュニケーションへの対応等が問題になるが，それらの問題は第7章のSNS上での青少年保護において論じることとし，ここでは性表現や暴力表現等の静的なコンテンツへの対応に焦点を絞ることとする．
82) 本章で単に青少年有害情報というときは，青少年ネット環境整備法の定義を指し，表現内容規制が一定の場合に許容されるハードコア・ポルノや児童ポルノ等と異なり，時と場所と態様（time-manner-place）による規制のみが許容される情報のみを含む．両者の区分については林紘一郎[2005: 84]等を参照．
83) たとえばEUでは青少年有害情報（potentially harmful content on minors）を「子供がインターネットを通じてアクセスしてほしくないと考えるであろう情報」と定義し，その具体的内容については各国および社会的文脈の中で判断されるべきであるとしている点（European Commission [2000]），米国のCOPAにおいては青少年有害情報の定義にあたり「地域共同体の基準（Community Standard）」という表現を用いている点などを参照．

能等を持つコンテンツ・プラットフォーム（我が国でいえば i-mode や ezweb,
Yahoo!ケータイ等）を介する必要がある[84]．そしてそれら携帯電話事業者の数
は通常少数であり，強いボトルネック性を持った産業構造を形成している．彼
らがモバイルコンテンツのゲートキーパーとして，フィルタリング等の手段に
より一定の有害情報を媒介しないという自主規制を行えば，モバイルコンテン
ツにおける青少年有害情報対策という政策目的は，きわめて実効的かつ効率的
に達成される．すなわち，モバイルコンテンツ分野には携帯電話事業者という
集権的なコントロール・ポイントが存在しており，一定の政策目的を達成しよ
うとする政府の側にとっては，それらの主体が適切な自主規制を行うよう働き
かけることが，最も効率的かつ実効的な共同規制の手段となる．これは表現主
体に対する直接的な表現規制をともなわないことからより望ましいようにも見
えるが，フィルタリングによる規制はその表現内容が受容される前に遮断され
る事前規制としての性格を有する．事前規制は場合によっては表現主体に対す
る規制よりも強固な表現規制となりうることから，やはり政府の介入は抑制さ
れる必要がある．

　有害情報を含む表現行為を行う主体の大部分は，あくまでも携帯電話事業者
とはレイヤーの異なるサードパーティのコンテンツ事業者であり，インフラ所
有者たる携帯電話事業者のみが排他的に自主規制を行うことは規制の正統性と
いう観点からも望ましくない．さらにモバイル上に存在する膨大な情報のうち
いずれが有害であるかの知識は，第一義的には提供者たるコンテンツ事業者が
有しているのであり，規制の効率性という点から見ても，彼ら自身がフィルタ
リングの前提となるラベリングの作業を行うことが望ましいと考えられる．加
えて有害性の判断そのもの，あるいは当該青少年がその有害性に対処できるだ
けの十分な判断能力を有しているか否かの判断は，青少年自身やその親によっ
て行われなければならず，有害情報対策の自主規制の形成と実行は利用者自身
というステイクホルダーをも含んだものでなければならない．実際に携帯電話
事業者の提供するフィルタリング機能は，技術的にもまた制度的にも，利用者

---

84)　もちろん近年の携帯電話ではいわゆる公式コンテンツ以外にも，インターネット接続機能を利
　　用して通常のウェブサイトへのアクセスが可能となっており，このような非公式コンテンツへの対
　　応についても後に論じることとする．

ごとのニーズに合わせた段階的設定やその解除等を当事者や親の判断により変更可能とされているものが多い．

4.1.3　第三者機関の必要性

　このようなモバイル産業の構造的特質と，有害情報という一義的に決定困難な規制対象の性質は，公私の共同規制関係を複雑なものとする．適切な自主規制に必要な知識という面からも，またその自主規制の正統性という観点からも，自主規制を行う団体は，(1) ゲートキーパーとしての携帯電話事業者，(2) 表現者としてのコンテンツ事業者，そして (3) 保護を受ける青少年の代理人としての親や教育者，という3者のステイクホルダーを含んだものであることが求められる（**図表 4.1**）．これがモバイルコンテンツに関わる自主規制を中心的に担う「団体」が，通常の業界団体というよりも，「第三者機関」という言葉によって表現されることが多い所以である．放送産業のようなゲートキーパーと表現者が混在している分野においても，たしかに第三者機関という用語が用いられることは多いが，これら3者が明示的に分離しており，かつ密接な相互協力が必要なモバイル分野においては，その意思決定機関としての第三者機関の「第三者性」はより強く求められる．そして政府の側としては，このような第三者機関において適切な自主規制ルールが形成され運用されるよう，公式・非公式の介入によって促すことが，公私の共同規制関係の構築にあたっての主軸となるのである．

　我が国においても，比較的早い段階から携帯電話事業者やコンテンツ事業者を中心としてフィルタリング手段の導入を含めた自主規制の取り組みが進められ，2008年には「フィルタリング推進法」とも称される「青少年が安全に安心してインターネットを利用できる環境の整備等に関する法律（以下，青少年ネット環境整備法）」が成立し，2009年に施行された．同法では，青少年有害情報は「インターネットを利用して公衆の閲覧（視聴を含む．以下同じ．）に供されている情報であって青少年の健全な成長を著しく阻害するもの」と定義され（2条の3），犯罪や自殺の誘引，わいせつ，残虐な情報などの例示がなされている（2条の4）．具体的な罰則こそ定められておらず，民間の自主規制の促進に主眼を置いたものではあるものの（3条の3等），携帯電話事業者に対するフィルタリン

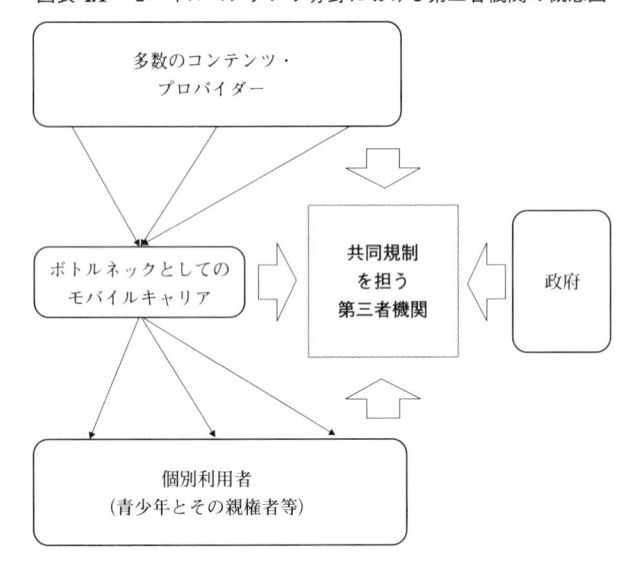

図表 4.1　モバイルコンテンツ分野における第三者機関の概念図

```
    ┌──────────────┐
    │ 多数のコンテンツ・│
    │  プロバイダー   │
    └──────────────┘
       │  │  │
       ▼  ▼  ▼
  ┌──────────┐    ┌──────────┐    ┌──────┐
  │ボトルネックとしての│ ⇒ │ 共同規制  │ ⇐ │ 政府 │
  │ モバイルキャリア │    │ を担う    │    │      │
  └──────────┘    │第三者機関 │    └──────┘
       │  │  │    └──────────┘
       ▼  ▼  ▼          ⇑
  ┌──────────────┐
  │   個別利用者    │
  │(青少年とその親権者等)│
  └──────────────┘
```

グサービス提供の義務付け (17 条) を行うほか, 普及啓発の促進 (12 条), インターネット青少年有害情報対策・環境整備推進会議 (内閣府) の設置 (8 条), フィルタリング推進機関の支援と主務大臣に対する資料提出 (24 条～) 等を含む, 自主規制に対する制度的補強措置が定められることとなった[85].

　同様の課題は諸外国においても認識されており, 携帯電話事業者におけるフィルタリング技術の導入に重きを置いた対応が模索されているものの, その規制手法は決して一様ではない. たとえば英国では携帯電話事業者による行動規定 (Code of Practice) の策定に基づく共同規制, 米国では FCC の要請に基づく業界団体の自主規制など, 民間の自主的取り組みを基盤とした多様な対応が行われつつある. 本章ではモバイルコンテンツにおける青少年有害情報対策を題材として, まず国際的枠組における取り組みを概観した後 (4.2), 英国 (4.3) および米国 (4.4) における規制構造と政府および民間のプレイヤーの相互依存

---

[85]　同法の成立経緯については庄司 [2009], 規定内容および産業界の対応については岡村 [2008] に詳しい.

関係を確認し，最後に両者の構造的比較を行うとともに，我が国における共同規制手法の活用に対する若干の含意を提示する（4.5, 4.6）．

4.2 国際的な対応枠組

4.2.1 EU レベルでの対応

　EU では，1999 年に欧州全体のインターネット上における青少年保護を推進する目的で開始された Safer Internet Program において，モバイル分野を含む青少年有害情報対策の取り組みが進められている[86]．同プログラムに対応する形で，EU 全体の携帯電話事業者とコンテンツプロバイダによって組織されるモバイル業界団体 GSM Association (GSMA) Europe において，EU のモバイル事業者が遵守すべき青少年保護フレームワーク European Framework on Safer Mobile Use by Younger Teenagers and Children の策定が進められてきた．2006 年には欧州委員会の High Level Group on Child Protection において基本的な枠組が承認され，2007 年 2 月の Safer Internet Day において，EU で活動する携帯電話事業者 15 社によって署名が行われ発効する（GSMA Europe [2007a]）．

　同フレームワークでは，(1)携帯電話事業者とコンテンツプロバイダの協力により，モバイルで提供される商業コンテンツを成人向けと全年齢向けに分類しフィルタリング等のブロッキング技術の導入を行うこと，(2)分類の基準は各国の社会的基準や類似分野を参考として定められること，(3)フィルタリングによる対応が行われるまでは成人向けのコンテンツを提供しないこと，(4)一般のインターネットコンテンツに関してもフィルタリング等の努力を行うことなどの内容が定められている．さらに (5)加盟各社は 2008 年を目処に各国の政府機関等との協力によりフレームワークを国内的に実効化していくことが求められる（GSMA Europe [2007b]）．2008 年時点では，EU 内の 27 カ国の携帯電話事業者 24 社が同フレームワークに署名，うち 23 カ国では国ごとの自主規

---

86) Safer Internet Program の概要については本書第 1 章，特にモバイル関連の取り組みの必要性の指摘については European Commission [2008a: 19-] も参照．

制のための行動規定が定められており，EU の携帯電話利用人口の 96％ をカバーしているとされる（GSMA Europe［2009］）．

4.2.2　ITU の対応

ITU（International Telecommunication Union，国際電気通信連合）では 2009 年，Global Cyber Security Agenda の一環として，政府・企業・NPO 等が協力してオンラインでの子供の保護を実現していくための Child Online Protection イニシアティブを開始した（ITU［2009］）．同イニシアティブでは，「子供」「保護者・教育者」「業界」「業界関係者」「政策担当者」それぞれに向けて，強制力はともなわないもののコンテンツ利用の場面ごとにメディア・リテラシー教育やプライバシー保護の促進などを含む包括的なガイドラインを作成している．モバイル分野に関しては，フィルタリングを含むコンテンツブロッキングを重要な対象として位置付け，各国の通信事業者に対して，年齢認証に基づいたコンテンツ分類とそれに基づくフィルタリング技術の導入を行うこと，消費者への教育を推進することなどを求めている（ITU［2009: 5, 16-20］）．

4.3　英国における共同規制

英国では，2004 年に携帯電話事業者 6 社[87]が合同で自主的な行動規定 UK code of practice for the self-regulation of new forms of content on mobiles（O2 et.al.［2004］）を策定し，モバイル分野の青少年有害情報対策における共同規制の構築に向けた本格的な取り組みが開始される．行動規定の概要は以下の通りである[88]．

　・携帯電話事業者の管理が及ぶ商業コンテンツ（Commercial Content）に関しては，ICSTIS（Independent Committee for the Supervision of Standards of Telephone Information Services）[89]の補助組織として新しく設立される

---

87)　O2, Orange, T-Mobile, Virgin, Vodafone, Hutchison の 6 社．
88)　先述の GSMA Europe の EU レベルでのガイドラインは先行した英国等を参考に策定されていることもあり，両者は全体的に類似した内容となっている．

IMCB（Independent Mobile Classification Body）にコンテンツ分類枠組の策定を依頼する．
・18歳以上対象と指定されたコンテンツは，年齢認証を行ったうえで18歳未満の青少年からフィルタリングで遮断する．
・携帯電話事業者の管理の及ばない一般のインターネットコンテンツやCGM（Consumer Generated Media）などに関しても，フィルタリングの努力を行う．

対象となるコンテンツには写真や動画，ゲームといったオーディオビジュアルコンテンツが含まれているが，テキストや音声のみのサービスは含まれず，またプレミアムレート・テレホンサービス（日本でいうダイヤルQ2）およびプレミアムレートSMSの規制は，引き続きICSTISによる規制の対象であるとして除外されている．

2005年には，携帯電話事業者との契約関係に基づき，IMCBがモバイルコンテンツの分類枠組 IMCB Guide and Classification Framework for UK Mobile Operator Commercial Content Services（IMCB［2005］）の策定を完了する．

・モバイルコンテンツのプロバイダは，同枠組に基づき自らが提供するコンテンツを自主的に18歳以上向けか全年齢向けのいずれかに分類を行い，IMCBは各プロバイダの分類や年齢認証等の適切さに対する調査を行う．
・プロバイダの分類措置が不適切と認められた場合には，IMCBから当該コンテンツの削除等を求める「イエローカード」か，十分な対応が行われるまで当該プロバイダへのアクセスを遮断する「レッドカード」による対応がなされる．
・IMCBの各種決定に対する不服申立については，独立の弁護士らによっ

---

89) Communication Act 2003 に規定される半官半民の独立規制機関であり，2007年にPhonepay-Plusと改称している．なお，プレミアムレート・テレホンサービスに関するICSTISの行動規定はOfcomの公式な承認（approve）を得ているものの，IMCBの行動規定自体に関しては公式な承認は行われていない（Hans Bredow Institute［2006: 87］）．

て構成される CFAB（Classification Framework Appeals Body）が審査を行う．

　IMCB の理事は上部機関である ICSTIS からの出向者で占められているが，財政的には完全に分離され，携帯電話事業者からのファンディングのみで運営される．スタッフは ICSTIS からの出向のほか，携帯電話・コンテンツ業界関係者や青少年保護に関係する政府機関や非営利組織などから専門家の受け入れも行っている（Goggin [2009: 148]）．

　2008 年には，覆面調査員による調査結果などを含んだ評価報告書が Ofcom によって作成された．同調査では，対象期間の 2005 年から 2007 年の間にコンテンツプロバイダによる不適切な分類や年齢認証の不十分さなどに対し約 80 件のイエローカード，6 件のレッドカード（Ofcom [2008b: 15]）が出されつつも，特に事業者や利用者からの重大な苦情等は出されておらず，全体として良好に機能しているとの評価結果が示されている[90]．

　今後の改善点としては，映像業界の審査機関 BBFC や，EU 全体のコンピュータゲームのレーティングを行う PEGI（Pan European Game Information）などを参考に，より細かく区分された分類枠組の採用を検討すること[91]，そして年次活動報告書と理事会議事録のウェブサイト上での公開や，レッド／イエローカードの運用指針の明示，IMCB によって出された警告内容の事業者間での公式な共有を促すことなどにより，一層の運営上の透明性を確保する必要性が指摘されている（Ofcom [2008b: 17]）[92]．

90）　ただし，IMCB のメンバーを占める青少年保護団体からの出向者は，産業が自律的に当該取り組みを進めるためのインセンティブが不足しているという見解を継続的に示している（Hans Bredow Institute [2006: 143]）．
91）　BBFC では年齢別および保護者同伴での視聴を推奨するものなどを含め 8 段階，PEGI では 3 歳以上から 18 歳以上までの 5 段階のレーティングを行っている．
92）　2008 年に子供・学校・家族省によって，インターネット上での青少年保護の現状の包括的な点検を目的として作成された Byron Review においても同体制の評価が行われ，全体として Ofcom の監視を受けつつ良好に機能していると評価し，今後の課題として分類の詳細化および今後の SNS 利用の拡大への対応を指摘している（Dept. of Children, Schools and Families [2008: 107]）．

4.4 米国における自主規制

米国においては，インターネット上のわいせつ的表現を規制しようとした 1996 年の CDA（Communications Decency Act）や 1998 年の COPA（Child Online Protection Act）が市民団体等からの激しい反発を受け，表現の自由を定めた米国憲法修正第 1 条に対する違憲判決が下されるなどの中で，インターネット上のコンテンツ規制においては，青少年保護の目的であってもできる限り政府の介入を避けようとする方向性が維持されてきた[93]．その影響もあり，モバイルコンテンツに関しても EU や英国のような政府の関与をともなう規制は積極的には採られておらず，基本的に業界団体の策定するガイドラインを中心とした民間の自主規制体制が構築されている．

2005 年，FCC（Federal Communication Commission，連邦通信委員会）の無線通信局長ジョン・ムレタからの要請[94]を受け，通信産業の業界団体 CTIA（Cable Telecommunications & Internet Association）が，加盟する携帯電話事業者の取り扱うモバイルコンテンツに関する自主規制の指針を定めた Wireless Content Guidelines（CTIA [2005]）を策定する．同ガイドラインの概要は以下の通りである．

- 各事業者は関連分野の分類基準を参考に，自主的にコンテンツを最低限全年齢向けと 18 歳以上向けの 2 種類に選別する．
- フィルタリング技術の開発を促進し，それが活用可能となるまでは 18 歳以上向けコンテンツを配布しない．
- フィルタリングの普及・啓発を含めた消費者への教育を進める．
- 独立の第三者機関によるコンテンツ分類基準を策定する努力をする．
- ただし分類の対象はキャリア・コンテンツ（英国の商業コンテンツ同様，携帯電話事業者による管理が及ぶコンテンツ）に限定し，一般のインター

---

93) 当該経緯の詳細については，Etzioni [2004: 9-] 等を参照．
94) http://hraunfoss.fcc.gov/edocs_public/attachmatch/DOC-256795A1.pdf

ネットコンテンツや UGC 等は対象としない．

　その後米国議会での議論を経て，2007 年には，FCC が青少年の利用する放送・通信コンテンツ全般の青少年有害情報対策の現状と改善策について調査することを定めた，Child Safe Viewing Act が成立する．同法では，FCC が放送局や通信事業者に対してコンテンツ・ブロック機能の実用化の現状を報告する要請（Notify of Inquiry）を出すこと，ブロック技術の開発推進や実用化の推奨を行うことを義務付けている[95]．

　同法に基づき 2009 年に FCC が行った一連の調査（FCC［2009a］）では，携帯電話事業者はモバイルサービスにおいて何らかの形でフィルタリング機能の実装を行っていることが明らかにされたものの，コンテンツ分類の詳細な基準についての各社からの回答はきわめて限られたものであった（FCC［2009b: 46］）．ベライゾンでは，TV Parental Guidelines や MPAA のレーティングを参考に，コンテンツを 7 歳以上・13 歳以上・17 歳以上の 3 種類に分類を行っているとするものの，その分類基準の詳細は示されていない．AT&T は，18 歳以上向けのコンテンツを自社内のプロセスによって選別しているとする．T-Mobile では 18 歳以上向けのコンテンツのフィルタリングを可能とする Web Guard システムにおいて，ブラックリストの管理を第三者企業に委託しているとする（FCC［2009b: 43-44］）．

　また 2008 年には Broadband Data Improvement Act[96]が成立し，初等・中等教育においてメディア・リテラシー教育の実施を義務付けるほか，コンテンツ・ブロッキング技術の活用を推進するための政府機関合同のワーキンググループを設立することが定められた．同法 214 条に基づき，2009 年 4 月には商務省の

---

[95] 　同法に対しては，たとえば 2009 年 5 月には CDA や COPA への抵抗活動において中心的な役割を担ってきた市民団体の 1 つ EFF（Electronic Frontier Foundation）が，表現の自由を定めた米国憲法修正 1 条への抵触の可能性，フィルタリングツールは民間企業によってすでに多く提供されており追加的な政府の介入は必要ないこと，現状のインターネット検閲システムは正確性に欠けていることなどを理由として同法に反対するコメント（EFF［2009］）を提出するなど，依然としてインターネット上の表現規制に対する抵抗感は根強い．

[96] 　青少年の保護については，Subtitle A – Promoting Safe Internet Use for Children に定められている．

NTIA (National Telecommunications and Information Administration, 商務省電気通信情報局) に Online Safety and Technology Working Group[97]が創設され，関係機関（FCC・教育省・司法省・FTC）および産業界，消費者団体等の議論に基づき，青少年の保護について必要な措置について議会への提言作業を進めている．

4.5 英米の整理と検討

4.5.1 英米の構造の共通点

　まず，英米の共通点を概観したい．第一に，英米ともに青少年有害情報対策のフレームワークにおいては，行動規定やガイドラインを中心とした産業界の自主的な取り組みを基調としつつも，介入度合いの強弱の違いこそあれ，さまざまな形での政府による働きかけや補強措置が行われている点を見て取ることができる[98]．特に英米とも，政府機関がフィルタリングの実施状況等に対する監査を行っていることは強調する必要がある．携帯電話事業者の主導という形は採っているものの，ICSTIS の補助組織である IMCB が分類枠組の策定を担い，Ofcom による監査と改善提案がなされている英国はもとより，米国においても Child Safe Viewing Act および Broadband Data Improvement Act の2つの法律により，政府機関による監査と改善提案がなされている．いずれにおいても，モバイルコンテンツの青少年有害情報対策は純粋な民間の発意のみによって行われる自主規制というわけではなく，青少年保護を実現するための政府の一定の介入・補強措置をともなう，公私の共同規制の一環として位置付けることができる．

　第二に，コンテンツの分類作業自体はいずれも第三者機関が行っているわけではなく，民間の事業者に委ねている点である．しかし英国においては分類枠

---

97) http://www.ntia.doc.gov/advisory/onlinesafety/
98) ただし，英米とも実質的にすべての事業者がフィルタリングの導入を行っているものの，明文の法律によるフィルタリングの義務付けはなされていない模様である．この点は，我が国における青少年ネット環境整備法第17条が，携帯電話事業者に対して携帯電話のフィルタリング機能の導入を義務付けていることとは対照的である．

組の策定を第三者機関であるIMCBが行い，調査と罰則の権限もIMCBが持つものの，分類作業はコンテンツプロバイダが行うことが明確化されており，米国においては分類枠組の策定および分類作業の両方が各携帯電話事業者自身の責任に委ねられているという違いはある．

第三に，行動規定の策定・改訂やコンテンツの分類に対するコンテンツプロバイダからの苦情受付，自主規制ルールへの適合性の審査等を行う組織は，英国であれば通信事業者からの委託を受けたIMCB，米国であればCTIAおよび各通信事業者といったように，基本的にはコンテンツプロバイダ自身からは切り離されている点である．「規制の影」の下にあるコンテンツプロバイダの業界団体が代替的規制の役割を主体的に担うほうがより自然に見えるかもしれないが，規制者と被規制者が分離されず同一となっていることは，第1章で指摘した通り排外的なカルテル性が生じるおそれを有する．規制者を被規制者から切り離し，中立性を確保するためには，英国のように独立した第三者機関が用いられることが多いが，モバイル分野の構造的特質に鑑み，米国のように産業分野によって構造的に切り分けるという手段も場合によっては考慮に値しよう．

4.5.2 英米の構造の違いとその評価

英米の構造を比較した際，最も象徴的な違いとして挙げることができるのは，事業者が行う自主規制に対する政府の介入方法とその強度である．第一に，米国においては業界団体の自主規制はFCCからの要請を契機とはしているものの，あくまでも産業界の自主的な取り組みであることが強調され，政府機関の関与は限られている．さらにその評価や監視においても「事後的な」評価体制が構築されているのみであり，具体的な命令措置等には踏み込んでいない．一方英国においては，フィルタリングの枠組とその運用指針を定めた自主規制原則自体がOfcomとの協議により策定され，監視を担うIMCBも半官半民の独立規制機関であるICSTISの傘下に置かれており，「事前的」かつ比較的強度の政府介入が行われている．

第二に，コンテンツの分類作業を行う主体については，英国ではIMCBの定めた分類枠組に従いコンテンツプロバイダ自身が行う一方，米国では携帯電話事業者の側が責任を持つとされるのみで，その詳細な基準などの情報は十分に

第 4 章　モバイルコンテンツの青少年有害情報対策　　　　　　　　　　83

公開されない状況が続いてきた．

　第三に，いわゆる「規制の影」の強弱，すなわち現状の代替的規制措置が失敗した場合の政府の措置が事前に予定されているかという点である．第 1 章において確認した通り，英国においては非規制から直接規制までの段階的規制手法を定めており（Ofcom [2008a]），その対応基準も一定程度明確である一方，米国においては比較的アドホックな立法による対応が行われている．

　これらの点を，表現の自由の観点からはいかに評価すべきだろうか[99]．まず，共同規制という手段を用いたとしても，その実質的主体はあくまで政府であると考えれば，本来政府が公法的な制限の中で行う規制行為をその枠外にある民間の団体等に付託することは，ともすれば不透明な形で間接的な表現規制が進められるおそれがある[100]．この観点からは，政府による介入度合いの少ない米国の仕組みがより望ましいと評価できる．

　一方で，過度の「私的検閲（self-censorship）」あるいは「過剰遮断（over-blocking）」といった，いわば意図せぬ過剰規制をいかに防ぐかという視点からは，若干異なる評価が与えられる．特にモバイルコンテンツの分野は，携帯電話事業者のネットワークを介さなければ表現を利用者に届けることができないという強いボトルネック性があるため，過度なフィルタリングが行われれば表現の自由に対する実質的な制限は大きなものとなる．この視点からは，自主規制の枠組に対する相対的に強度の政府関与の下，(1)コンテンツプロバイダ自身の手による分類（セルフ・レーティング）を原則とし[101]，(2)その分類が不適切だった場合

---

99) 本来，英米の制度がいかなる成果を上げているかについての比較を行う必要があるところだが，英国では前掲 Ofcom [2008a] において包括的・定量的な評価が行われている一方，米国では前掲 FCC [2009b] においても十分な評価が行いえないことが示されているのみであるため，今後 Broadband Data Improvement Act 等に基づく評価の進展があった際に改めて評価する必要があるだろう．

100) この点につき，我が国の憲法学においては，たとえ自主規制という形態を採っていたとしても，公権力からの強い圧力を受けて行われる表現規制に対しては憲法的規律が及ぶとされる．芦部 [1998: 363-] 等を参照．

101) インターネット初期に用いられてきたテキストベースのフィルタリング（特定の用語を含む文章等を自動的に遮断する）では，その表現の文脈等を考慮せず遮断する必要のない情報まで遮断してしまう可能性が指摘され，PICS をはじめとするセルフ・レーティングの仕組みが模索されてきたものの，セルフ・レーティングにおいては，コンテンツ提供者自身が自主的にレーティングを行うインセンティブを持たないことが問題視されてきた（小倉 [2007: 156] 等を参照）．英国の IMCB に

などに行われる IMCB から事業者への罰則基準やその具体的な内容・理由の公表を行い，(3)決定事項への不服に対しては独立の CFAB による審査を行うことで透明性と公平性を担保しようとする英国の取り組みが，青少年保護の実効性はもとより，過度の私的検閲に対して一定の歯止めをかけるという点からも肯定的に評価できるのである．

　このような強い公的関与に基づく表現分野の自主規制という手法は，修正1条により表現の自由に対する「例外なき保護」を念頭に置く米国の（およびその影響を強く受ける我が国の）憲法論者には若干奇異に映る側面があるだろう．欧州人権条約において，表現の自由を「民主的な要請により一定の義務・責任に服する（10条）」ものとして理解してきた欧州との表現の自由に対する考え方の差異に留意するとともに，第3章で論じた AVMS 指令を含め，EU の表現関連規制を我が国に導入しようとする際には，関連する我が国の法制度・判例等との整合性を念頭に置いた検討を行う必要があると考えられる[102]．

4.6　小括

　青少年ネット環境整備法の施行によって，我が国におけるモバイルコンテンツの青少年有害情報対策は，米国型の自主規制から，政府による介入度合いの比較的大きい英国型の共同規制に移行しつつあると見ることができる．そしてその政府介入に対していかなる規律付けがなされるべきかという点については，内容規制をともなわない必要最小限の介入という原則を守りつつも[103]，実質的に政府の後押しが行われている以上，過剰規制を避けるという立場から民間

　　よる一定の監視と罰則措置は，そのインセンティブの不足を補うものと位置付けられる．
102)　欧米の表現規制全般の差異につき Price［2002: 101-104］，インターネット上の媒介者（intermediaries）を通じた表現規制への反映につき Frydman and Rorive［2002: 42-43］および本書第6章を参照．
103)　関連する判例の多い米国においても，技術的な流動性の高いフィルタリングの義務付けが合憲であるかは現時点では必ずしも明らかではないが，大人のアクセスを阻害しないよう技術的な洗練が行われ，かつ過度に広範な情報を遮断しないセルフ・レーティングの仕組みであれば，time-manner-place の要件を満たすゾーニング規制として認められる余地もある（小倉［2007: 169］）．このような観点からすれば，単に政府が一般的にフィルタリングを求めるよりは，より制限的でないフィルタリング技術の開発と導入を求めることが，合憲性の推定を高めるとも考えられよう．

の自主規制の透明性と公平性を担保するという,一見相反する2つの視点を考慮すべきであると考えられる.

　我が国の青少年ネット環境整備法の実際の規定を見ても,(1)携帯電話事業者に対してフィルタリング機能の提供を義務付けつつも罰則は設けない軽微な規制となっていること,(2)フィルタリングの技術開発や普及促進を行うフィルタリング推進機関に対してよりきめ細かい機能の提供を求め,必要に応じて主務大臣が資料の提供を求めることができるなど一定の透明性向上が意図されていること,(3)内閣府に設置されるインターネット青少年有害情報対策・環境整備推進会議が,主務大臣や関係者に対する意見聴取を求めることができるとされていることなどから,上記の視点に対する一定の配慮を見て取ることができる.しかし,自主規制を行う団体や個別のコンテンツプロバイダに対して具体的にいかなる介入を行い,いかなる形で透明性を確保するのかといった点については,今後の施行状況の経過を注視する必要があるだろう.

第5章 行動ターゲティング広告のプライバシー保護

　本章では，消費者のライフログを用いた行動ターゲティング広告というオンライン広告分野において，当初米国において発展してきた業界団体を通じた自主規制手法が，後に EU の指令の改正を受けて，英国において共同規制という形で導入された経緯を取り扱う．同事例は業界団体の行う自主規制に対し，一定の公的介入をともなう共同規制であるという点において，第 3 章で取り扱った AVMS 指令と近しい形態を採る．しかしここでの業界団体は，政府機関の策定する原則を段階的に具体化する主体という性質が強く，さらにそのエンフォースメントも，政府機関による訴訟という補強措置を受ける形で実効性が担保されている．

5.1　オンライン・プライバシーと自主規制

5.1.1　個人情報保護における流動的領域の拡大

　情報社会における個人情報の保護に対する関心は各国において日々高まりつつあり，1980 年の OECD による「プライバシー保護と個人データの国際流通についてのガイドラインに関する勧告（OECD8 原則）」を基盤として，20 世紀終盤から各国において個人情報保護法制の整備が進められてきた．EU においては 1995 年のデータ保護指令（Data Protection Directive, 95/46/EC）により EU 域内の個人情報保護の水準が定められ，我が国においても 2005 年に全面施行された「個人情報の保護に関する法律（以下，個人情報保護法）」を中心とする個人情報保護関連 5 法の整備が行われるに至っている．後述するように包括的な個人情報保護法制を持たない米国を若干の例外として，詳細な規定の差異はあ

るにせよ，我が国の個人情報保護法 2 条に見えるような「個人識別性のある情報」および「他の情報と組み合わせることにより容易に特定の個人を識別可能である情報」については，取得時の利用目的明示（18 条）や第三者提供時の事前同意（23 条）が必要であるという点は，先進諸国においておおむね共有されてきたといってよい状況にある．

しかし近年大きな問題になっているのは，必ずしも容易に個人の特定がなされるわけではないものの，利用方法の如何によっては個人を識別しうる，いわば流動的領域の取り扱いである．この領域には，具体的にはインターネット接続の際に割り当てられる（動的・静的）IP アドレス，各種サービスに利用者登録を行った際に割り当てられるサブスクライバー ID，PC や携帯電話等の端末に付随する端末 ID，そしてウェブブラウザに記録されるクッキー（Cookie）などが含まれる．これらの情報は多くの場合氏名をはじめとする個人識別情報とは切り離されて管理されることが多いが，特定個人と一定の対応関係の下にあるため，いわゆるライフログを利用した各種サービスを提供する際の情報の結節点，情報の「名寄せ」のためにも用いられる．

5.1.2　行動ターゲティング広告と自主規制

名寄せの原理を最も効果的に活用し，ビジネス領域としても重要性を拡大しつつあるのが，行動ターゲティング広告（Behavioral Targeting Advertisement，以下単に BTA）である．BTA は，特定の場所や時間に居合わせた，あるいは特定のコンテンツを視聴していた人々に無差別に提示される従来の広告と異なり，ウェブサイトの閲覧履歴やイーコマースでの購買履歴，位置情報などといった行動履歴から消費者の特徴を検出し，個別の消費者や一定のカテゴリーの人々に適合した広告を提示する技術を指す．BTA において利用される技術的要素は数多いが[104]，近年最も多く活用されているのが，ウェブブラウザ上に記録されるクッキーである．クッキーは従来から個別のウェブサイトにおける閲覧者

---

[104]　前述した IP アドレスや各種 ID のほかに近年では ISP による通信内容解析による DPI（Deep Packet Inspection）技術の問題が取り沙汰され始めているが，技術的性質および関連する法制（通信の秘密等）が異なることなどから本章では DPI 技術を利用した BTA のプライバシー問題は取り扱わず，単に BTA といった場合はクッキーを利用した BTA を指す．

の同定やウェブページのカスタマイゼーションにも用いられており，若干のプライバシー上の懸念を生じさせたが，BTA はウェブサイトを超えたクッキーの利用によりその懸念を先鋭化させつつある．BTA 広告ネットワークの事業者は，ネットワーク参加企業のウェブサイトを通じてクッキー内に特定の ID を記憶させ，ネットワーク参加企業のウェブサイト上での消費者の行動履歴を記録，ID と紐付けて消費者の特徴と適合した広告を各種ウェブサイト上に提示する．このように個人識別性が必ずしも定かではないサービスを運営するにあたり，個人識別性のある情報を取り扱う場合と同様に行動履歴を取得される利用者に対する事前の許諾取得（オプトイン）を義務付けるべきなのか，離脱可能性を担保すればよいのか（オプトアウト），あるいはその中間的な対応のあり方は存在するのかということが大きな課題となっているのである[105]．

個人情報の保護は，分野ごとの個別立法と自主規制による対応を行う米国はもとより，包括的な法制度を持つ EU や我が国においても制定法によってすべてが担保されているわけではなく，実質的にも形式的にも業界団体や個別企業の自主的取り組みに依存する部分が大きい．その背景には，個人情報を取り扱う行為が社会全体に広く存在するため全体的な把握が困難であること，社会的・技術的条件の変化の速さや専門性の高さ，そしてインターネット上のビジネスモデルにおいては個人情報の適切な活用が不可欠であるため，過度に制限的な法規制が適切ではないなどの要因がある．特にその技術的発展が著しく，プライバシー問題の全体像について社会的なコンセンサスが得られていない BTA の取り扱いは，各国において自主規制と直接規制の狭間において，試行錯誤を経て政府と民間の協調によるガバナンス体制の構築が進められている段階にある．

---

[105] 我が国においてライフログの法的問題の観点から BTA を取り扱ったものとして，石井［2010］および新保［2010］を参照．

5.2 米国における自主規制の展開

5.2.1 自主規制の展開と FTC の役割

　EU や我が国のような民間部門における包括的な個人情報保護法制を持たない米国では，金融（Financial Modernization Act of 1999）や医療分野（Health Insurance Portability and Accountability Act of 1996），13 歳未満の子供に関する情報（Children's Online Privacy Protection Act [COPPA] of 1998）等，特定の分野において個別の立法措置を行ってきた．しかし BTA を含むインターネット上の個人情報保護全般に関しては現在まで包括的な立法が行われておらず，消費者保護を担当する独立行政委員会 FTC（Federal Trade Commission, 連邦取引委員会）が業界全体を監視しつつ，自主規制を促す形でのルール形成が進められている．

　FTC はインターネットの商業利用が開始されて間もないころからオンライン広告に関する検討作業を開始し，1995 年の Consumer Protection and the Global Information Infrastructure ワークショップを皮切りに，活発な公開討議やヒアリングを実施している．FTC はオンライン広告におけるプライバシーについては「オンラインのビジネスモデルの進化において不可欠な柔軟性を確保するため（FTC [2009: 11]）」，一貫して直接規制によらない自主規制中心の対処を行う姿勢を示してきた[106]．1997 年にはビジネス活動全般における消費者保護や自主規制を行う業界団体 BBB（Better Business Bureau）による BBBOnLine や，産業界と消費者団体の共同で設立された TRUSTe などがプライバシー認証マークの提供を開始するなど，自主規制の取り組みは既存の業界団体を中心に徐々に拡大していく（後藤 [2003: 51-53]）．

　自主規制での対応において FTC が重視するのは，サービス運営者自身が

---

106) 米国の自主規制中心のプライバシー保護は，包括的なデータ保護指令（95/46/EC）において個人情報保護水準が十分でない第三国とのデータ取引を禁じた EU との間で摩擦を生じることとなる．米国と EU は 1998 年から交渉を開始し，2000 年にはセーフハーバー協定（Safe Harbor Agreement）が成立し，一定の条件を満たしたことが認められた業者は米国商務省のウェブサイトに社名を公開し，EU 企業とのデータ取引が認められることとなった．セーフハーバー協定の詳細については石井 [2008: 449-457] 等を参照．

ウェブサイト上に提示するプライバシー・ポリシーである．FTC はプライバシー・ポリシーに反する振る舞いを行った企業に対し，不公正・詐欺的取引を禁じた FTC 法 5 条（FTC Act Section 5）に基づき民事訴訟を提起し，差止めや損害賠償の支払い，プライバシー保護の改善等を求めることができる[107]．プライバシー・ポリシーは必ずしも制定法により提示が義務付けられているわけではないものの[108]，自主規制が成功裡に機能しない場合は直接規制に移行せざるをえないという議会や FTC からの再三の勧告に対応する形で，1998 年の時点で最も多く利用される 100 のウェブサイトのうち 63％がプライバシー・ポリシーを提示しており（FTC［1999: 8］），その後増加を続け 2010 年の段階では 100％の提示を達成している[109][110]．

1999 年には，FTC の主催による Online Profiling Workshop において，オンライン広告大手企業ら[111]によって自主規制基準の策定を目的とした業界団体 NAI（Network Advertising Initiative）の設立が宣言され，2000 年には自主規制原則（以下，NAI 原則）が公開される．NAI 原則は BTA の運用に際して守られるべき「消費者への通知」「選択の確保」「消費者からのアクセス」「セキュリティ」「エンフォースメント」「追加的措置」の 6 点で構成されており，FTC は NAI 原則の内容自体は適切であると認めつつも，(1)当時 NAI にはオンライン広告事業者の 90％が加盟していたが残り 10％への対応，(2)広告事業者以外のウェブサイト運営者等への対応，(3)エンフォースメントを担う第三者機関の設立

---

107) 2001 年から 2009 年までの間に提起された訴訟は 23 件に及ぶ．個別の事例については FTC［2009: 5］等を参照．
108) ただし，13 歳未満の子供の個人情報に関しては，1998 年の COPPA により取得の際に親権者の同意を得ることと合わせてプライバシー・ポリシーの提示が義務付けられている．
109) http://www.ftc.gov/privacy/privacyinitiatives/promises.html
110) FTC がプライバシー・ポリシーの推奨を中心とした自主規制を堅持する姿勢を貫いてきたことについては，当時の政権のインターネットへの不介入姿勢に沿ったものであることの一方，公共選択論からの批判もなされている．すなわち FTC のような独立行政委員会を「自らの権限と組織拡大を至上命題とする合理的主体」と捉える公共選択論の立場からすれば，明示的な立法を避け FTC Act に基づく詐欺的行為の摘発に頼ることには，FTC がプライバシー保護に関する自らの裁量権限を最大化する目的が存在しているという指摘である．Hetcher［2000: 2053］等を参照．
111) 当初の加盟社は 24/7 Media, AdForce, AdKnowledge, Avenue A, Burst! Media, DoubleClick, Engage, MatchLogic の 8 社であったが，2010 年現在では Microsoft や Google，Yahoo!を含む 40 社以上が加盟している． http://www.networkadvertising.org/participating/

の必要性，などの問題の存在により，一定の補強措置が必要であるという見解を示した (FTC [2000: 4-10])．

5.2.2　FTC 原則による自主規制への規律付け

2000 年前後のいわゆるドットコムバブルの崩壊もあり，その後しばらくの間 FTC は具体的な措置に踏み切るには至らなかったものの，オンライン広告市場の拡大と BTA 技術の高度化を受け，FTC は 2006 年 11 月にはインターネット上の消費者保護を包括的に点検するための Tech Age 公開ヒアリングを開催し，ついで 2007 年 11 月，より BTA の個人情報問題に焦点を絞ったタウンホールミーティング Ehavioral Advertising: Tracking, Targeting & Technology を開催した．ここでは消費者団体などから NAI 原則に対する批判が多く出され，特に利用者が BTA を解除するためのオプトアウトの仕組みが簡便でないことなどが問題視された．

2007 年 12 月，FTC は BTA の自主規制に対する一定の規律付けを目的とした自主規制原則（以下，FTC 原則）案を提示し，パブリックコメント期間を経て 2009 年 2 月には原則内容のアップデートを含むレポートを公開する．同原則の重要な点は，現在の技術水準において PII（個人識別情報）と Non-PII（非個人識別情報）を厳密に区分し後者を自主規制の対象外にすることは，両者の結合の容易さなどに鑑みてもはや適切ではないとの立場から，Non-PII までをも対象範囲としたことである (FTC [2009: 20-26])．同原則は法定の強制力を持たないガイドラインという形式ではあるものの，広告事業者に対し (1) 収集された情報がどのように取り扱われているかを明らかにすること，(2) 合理的なセキュリティとデータ保持期間の限定，(3) 合併・買収時を含む個人情報利用方法変更時の周知の徹底，(4) センシティブ情報の取り扱いを別扱いとすること，の 4 点を定めている．また，パブリックコメントでの指摘を受け，用語や適用範囲の明確化のほか，自サイトのみで個人情報の利用を行う場合（First Party），および検索マッチ広告など 1 回のみのターゲティング広告（contextual advertising）を規定の対象外とするなどの修正がなされた (FTC [2009: 45-47])．

Ehavioral Advertising での批判や FTC 原則の策定などを受け，2008 年 12 月 NAI は新たな自主規制原則（NAI [2008]）を公開するとともに，加盟各社の

図表 5.1　NAI 原則 2008 の概念図[113]

	非PII	PIIと結合され得る非PII	すでにPIIと結合された非PII	センシティブ情報	13歳以下の少年
通知	明確性	明確かつ強固	オプトイン	オプトイン	親権者の同意を要する
選択	オプトアウト	オプトアウト			
セキュリティ	合理的なセキュリティ					
保持期間	正当な商業的必要性もしくは法定の期間				

BTA から一括でオプトアウト可能なシステムの提供を開始する[112]．新原則は 2000 年に公開された NAI 原則を大幅に改訂しており，FTC 原則に従い PII に加え Non-PII に関する取り扱いを定めたうえで，「消費者への通知」「消費者の選択権の確保」「セキュリティ水準」「データ保持期間」の 4 項目それぞれにおける指針を提示し，さらにセンシティブ情報の利用は原則としてオプトインでの対応を行うこととした．新たな NAI 原則の概要は**図表 5.1** のように図示される．

ここでのセンシティブ情報とは，FTC 原則におけるセンシティブ情報への言及を具体化し，クレジットカード番号や医療・健康に関する情報といったすでに個別法において利用制限が定められている分野のほか，GPS によって取得される位置情報なども含む（NAI [2008: 6]）．同原則に違反した加盟社は，消費者からの届出などの報告により発覚した後に出される NAI からの警告後 30 日

---

112)　http://www.networkadvertising.org/managing/opt_out.asp
113)　NAI Principles Overview より作成．http://www.networkadvertising.org/networks/principles.asp

以内に現状報告および改善策を書面で提出せねばならず，NAI 理事会の審査で不適格と認められた場合および提出を行わなかった場合には会員資格が停止され，FTC への報告が行われる．

NAI の取り組みとは別に 2008 年 2 月，IAB（Interactive Advertising Bureau）が独自に自主規制原則[114]を公開する．それを発展させる形で，2009 年 7 月には IAB に加え 4 つの広告関連業界団体 American Association of Advertising Agencies（4A's），Association of National Advertisers（ANA），Direct Marketing Association（DMA），Council of Better Business Bureaus（BBB）らが中心となり，7 項目（関係者への教育，透明性，消費者によるコントロール，セキュリティ，プライバシー・ポリシー変更時の通知，センシティブ情報の取り扱い，説明責任）からなる新たな自主規制原則を公開した（IAB et al.［2009］）．内容面では NAI 原則との差異は少ないものの，対象とする事業者の範囲においては NAI 原則が想定しない一般的なウェブサイト（publisher）やポータルサイト等を含んでいる．NAI は同原則には参加しておらず，米国の BTA 自主規制は FTC 原則の規律の下，複数の自主規制原則が併存する状態となっている．

5.2.3 米国におけるその他の動き

NAI などの業界団体における自主規制原則の策定と並行して，特に国際的に事業展開を行う大企業を中心とした個別の自主規制原則の策定も進められている．2008 年 4 月に米マイクロソフトが FTC に提出した自主規制原則[115]では，(1) ウェブサイトを訪問したユーザーの情報を収集する場合，(2) 関連のない第三者のサイトに広告が配信された場合，(3) ユーザーの振る舞いに基づくターゲット広告が配信された場合，(4) 個人を特定できる情報が利用された場合，(5) センシティブ情報を利用する場合，という各場面を想定した行動原則が提示されている．さらに同時期には，消費者の行動履歴の中でも特にモバイル機器における位置情報を利用したサービスの拡大を受け，携帯電話事業者団体 CTIA

---

114) http://www.iab.net/iab_products_and_industry_services/508676/508813/1464
115) Microsoft Proposes Comprehensive Self-Regulatory Approach for Online Privacy. http://www.microsoft.com/presspass/press/2008/apr08/04-11FTCOnlinePR.mspx?rss_fdn=Press%20Releasessays

(Cellular Telephone Industries Association) が加盟社向けにガイドラインを公表した (CTIA [2008]). 位置情報を取得する通信キャリアおよびそれを利用したサービスを展開するアプリケーションプロバイダを対象に, (1)収集された位置情報がいかなる用途に用いられるかを消費者に対し明確に提示すること, (2)強い黙示の同意が存在しない限りサービス提供時に消費者からの同意を得ること, (3)セキュリティの確保をはじめとするセーフガードの各項目について規定がなされている.

　自主規制体制の強化が進む一方, CDT (Center for Democracy and Technology) や EFF (Electronic Frontier Foundation) 等の消費者団体を中心として, BTA のプライバシー問題への批判は拡大を続ける. 特に 2009 年にペンシルバニア大学および UC バークレイの研究者らによって行われた独立の調査によれば, 米国人成人の 66％がオンライン広告に対し否定的な態度を示していること, 92％がウェブサイト運営者やオンライン広告事業者が蓄積した個人情報を完全に消去するための具体的な法制度が必要だと考えていることなどが明らかにされた (Turow et al. [2009]). 同調査の結果や, 度重なる消費者団体からの要請[116]を受け, 2010 年には情報通信政策全般において主導的な役割を果たしてきたリック・バウチャー下院議員が BTA の規制強化法案[117]を公開する一方, ボビー・ラッシュ下院議員が自主規制を重視した対抗法案を公開している[118]. FTC としても 2009 年 10 月から立法的対応の必要性を論じるラウンドテーブル Exploring Privacy を開催するなど, 新規立法の是非を巡る議論は活発化している[119].

---

116)　http://cdn.publicinterestnetwork.org/assets/s69h7ytWnmbOJE-V2uGd4w/Online-Privacy---Legislative-Primer.pdf
117)　(1)消費者の情報を収集するウェブサイトに対してプライバシー・ポリシーの提示を義務付け, (2)自サイトでのみ個人情報を利用する場合は詳細な収集情報を提示したうえでオプトアウトを整備, (3)他社提供を行う場合は原則オプトイン, (4)センシティブ情報の取り扱いは原則オプトインを義務付ける, という点を含んだものである.
118)　New bill renews Internet privacy fight (*CNET News*, 2010/7/20). http://news.cnet.com/8301-31921_3-20011016-281.html
119)　こうした新規立法への要求は従来から多く存在するが, たとえば FCC (Federal Communication Commission) が 2010 年 3 月に公開した National Broadband Plan の中でも, 消費者の不安を解消することで情報技術のイノベーションを促進するという観点から, プライバシー保護を強化する新規立法の必要性が指摘されている (FCC [2010: 52-55]).

5.3 EU・英国における共同規制

5.3.1 EU の制度枠組

EU 全体の個人情報枠組を定める 1995 年データ保護指令においては，BTA に直接対応する規定は置かれていなかったが，2002 年にデータ保護指令を補強する形で制定された電子プライバシー指令[120]において関連する規定が設けられる．同指令 5 条(3)では，「ユーザーの端末（terminal equipment）に蓄積された情報[121]は，当該ユーザーがその利用目的等についての<u>明確かつ包括的な情報を与えられている場合に限り利用可能であり，ユーザーはその利用を拒絶する権利を持たねばならない</u>（下線筆者）」として，オプトアウトでの対応を規定していた．

しかしその後，EU の個人情報保護関連指令の詳細を監理する 29 条作業部会[122]は，2006 年の電子プライバシー指令の見直しに関する意見（Article 29 WP [2006]）の中で，クッキーの取り扱いを明確化する必要性を指摘する[123]．さらに 2007 年 6 月には，個人情報の概念に関する意見（Article 29 WP [2007]）において，IP アドレスは動的 IP のように ISP によって変更されることが多いものの，クッキー等と組み合わせることで個人特定が可能であるとし，IP アドレスを個人識別性を持つ情報として取り扱うべきとの見解を示した．さらに 2008 年 4 月の検索エンジンに関する意見（Article 29 WP [2008]）の中でクッキーの取り扱いについて言及し，明確なオプトアウトでの取り扱いを行うよう求めた．

そして 2009 年 11 月の電子プライバシー指令改正[124]により，上述した同指

---

120) Directive on privacy and electronic communications（2002/58/EC）．
121) ここで示される情報とは，それがデータ保護指令で規定される personal data に該当するか否か，すなわち個人識別性を有するか否かを問わないと理解される．電子プライバシー指令前文 24 および Article 29 WP [2010: 9] 等を参照．
122) データ保護指令の規定により設立された機関であり，そこで提示される意見（opinion）は直接的な法的強制力は持たないものの，各国の裁判所や欧州司法裁判所の法解釈，さらには EU での立法作業等に一定の影響力を持つ．
123) RAND Europe によって行われた EU 各国におけるデータ保護関連規制の包括的な調査において，クッキーの取り扱いが明確化されていないことがデータ取扱者にとっての不確実性をもたらしていることが指摘されている（RAND Europe [2009: 36]）．

令 5 条(3)は「ユーザーの端末に蓄積された情報は，当該ユーザーがその利用目的等についての明確かつ包括的な情報を与えられたうえで同意を得た場合に限り利用可能である（下線筆者）」と変更され，オプトインでの取り扱いを規定することとなった．これを受け 2010 年 6 月，Article 29 WP は電子プライバシー指令における BTA の取り扱いについての意見（Article 29 WP [2010]）を発表し，クッキーの活用には利用者の事前の同意が必要であることを確認するとともに，BTA 事業者に対して (1)利用者から取得した同意の有効期限を設定し一定の期間が経た後は再度許諾を得ること，(2)容易にクッキーの活用を拒絶できるようにすること，(3)行動のモニタリングが行われている場合にはそのことを消費者に通知するための簡便なツールを用意すること，(4)子供に対しては BTA を適用しないこと，(5)センシティブ情報を BTA に用いないことなどを求めた．さらに BTA ネットワークを運営する事業者に加え，BTA ネットワーク事業者に対してクッキー情報送信を行うウェブサイト運営者の側にも同様の責任が生じることを確認している．

5.3.2 英国における共同規制
5.3.2.1 IAB の自主規制
　このような規制強化の流れにある EU にあって，英国は BTA に対する直接規制を避け，米国と類似した自主規制による対応への志向性を見せている．英国における個人情報保護行政全般は，主にデータ保護法（Data Protection Act of 1998）51 条に規定される独立機関 ICO（Information Commissioner's Office, 情報コミッショナーオフィス）によって担われ，同法の違反者に対して 50 万ポンド以下の罰金を課す等の権限も与えられている．しかし BTA のプライバシー問題に関しては，前述した米国の対応を部分的に導入する形で，消費者保護行政を担当する OFT（Office of Fair Trading, 公正取引庁）の役割を重視する施策を

---

124) DIRECTIVE OF THE EUROPEAN PARLIAMENT AND OF THE COUNCIL amending Directive 2002/22/EC on universal service and users' rights relating to electronic communications networks and services, Directive 2002/58/EC concerning the processing of personal data and the protection of privacy in the electronic communications sector and Regulation (EC) No 2006/2004 on cooperation between national authorities responsible for the enforcement of consumer protection laws.

進めている.

　2009 年 5 月,英国のオンライン広告事業者の業界団体である IAB（Internet Advertising Bureau）が中心となり,BTA を運用する際の自主規制原則である Good Practice Principles for Online Behavioural Advertising（以下,IAB 原則）[125]を策定し,Yahoo!やグーグル等の英国法人,Phorm をはじめとするインターネット広告事業者 16 社によって署名され公開された.IAB 原則は米国の NAI 原則と多くの点で類似しており,データ保護法で規定される PII のみならず,必ずしも本人を特定しない Non-PII 情報までをも保護の対象としている.主な内容は,「通知（notice）」「利用者による選択（user choice）」「教育（education）」の 3 つの主要原則から構成される以下の規定である.

- 通知：各企業は利用者からいかなる情報を集め,いかなる目的で利用しているかの情報を明確に通知すること.また第三者企業に管理を委託するなどの場合は利用者に対して通知を行い,当該第三者企業が IAB 原則に従っていないと思われる場合には,IAB 原則と同様の条件を守らせるための合理的な努力を行うこと.取り扱い指針に重要な変更等が生じた場合には利用者に通知すること.
- 利用者による選択：利用者の判断により BTA から離脱可能とする,BTA を行う際には事前の許諾を得ることなどにより,利用者の選択可能性を確保すること.
- 教育：各企業のプライバシー・ポリシーを周知するなどの教育的取り組みを推進するほか,プライバシー・ポリシーを掲載した最新の URL を IAB に報告し,IAB はそのリンクを your online choice[126]に提示すること.

　同原則はあくまで個人情報問題にのみ関連するものであり,広告の内容等に関わる規律については従来通り広告業界全体の自主規制機関である ASA[127]に

---

[125]　http://www.youronlinechoices.com/good-practice-principles
[126]　http://www.youronlinechoices.co.uk/　IAB が主体となり,BTA に関するプライバシー情報を自主的に収集,公開している.

よって担われる．違反した事業者に対する罰則等は明確に定められてはいないものの，(1)各企業は署名から半年経過した後に自己評価を行い，その結果をIAB内に設けられる独立の委員会 OBA（Online Behavioural Advertising）Board が主催する会合において報告すること，(2)各企業は IAB 原則の遵守に関するユーザーからの苦情受付プロセスを確立し，そこで問題が解決されない場合には，当該苦情を申し立てたユーザーに対して OBA Board への照会が可能であると伝えることなどが定められている．

5.3.2.2　OFT および ICO による自主規制への補強措置

2010 年 5 月，OFT が BTA に関わる包括的な調査結果を公表する（OFT[2010]）．付随して行われた消費者意識調査の結果に鑑み，IAB 原則の策定やクッキーを受け付けないブラウザ設定等の技術的措置をはじめとする積極的な自主規制が進められていることを認めつつも，プライバシーに関する懸念は依然として大きいとして，現状の規制枠組は不十分であるという見解を示す．そのうえで，ICO との協力により企業が利用者に関するいかなる情報を収集しているかをプライバシー・ポリシー等を通じて一層透明化すること，そして OFT が所管する CPRs（Consumer Protection from Unfair Trading Regulations）[128]は BTA に対しても適用可能であることを確認し，プライバシー・ポリシーを通じて消費者に対して誤った情報を提供した場合などにおいては，CPRs に基づき訴追の対象となりうることなどを示した．

一方でクッキーを明確にデータ保護規則の対象とするなどの直接規制の必要性にまでは踏み込まず，IAB を中心とした自主規制の取り組みを支援していく方向性を示し，IAB に対し，(1)消費者に対する周知をより明確化すること，(2)センシティブ情報の利用に配慮した自主規制のあり方を一層深く検討すること，(3)IAB 原則の内容を広告関係者らに対して一層周知すること，(4)SNS 上での BTA の拡大等に鑑み First Party におけるデータ利用を IAB 原則の対

---

127)　ASA の詳細については本書第 3 章を参照．
128)　Unfair Commercial Practices Directive（2005/29/EC）を国内法化する形で 2008 年に制定された消費者保護法制である．前述の米 FTC 法 5 条と類似の内容を持ち，不公正な行為を行った事業者に対して OFT が訴訟を提起することを可能にしている．

象範囲に含むことを検討すること，(5)IAB原則にデータ保持期間に関する規定を加えることを検討すること，(6)OBA Boardに産業界以外の独立した関係者を含むことなどの提言がなされた（OFT [2010: 8]）．さらに今後OFTは，自主規制が失敗した場合の対応策を検討することや，ICOやOfcomと担当分野が重複した際の指針等を含む覚書を締結することなどを示している．

ICOとしても2009年には企業のプライバシー・ポリシーの記載内容や掲示方法についての行動規定（Code of Practice）（ICO [2009]），2010年にはオンライン・プライバシーに関する包括的な行動規定を公開（ICO [2010]），さらに2011年には電子プライバシー指令の改正に合わせ，クッキーの利用許諾を得る際のガイドラインを発表するなど（ICO [2011]），個別企業および業界団体レベルでの自主規制を支援・補強するための取り組みを進めている．

このような英国の取り組みの背景には，Ofcomの共同規制に関わる指針が少なからず反映されていると考えるべきだろう．第1章で触れたOfcomの共同規制の方向性を示した文書（Ofcom [2008a]）においても，個人情報問題がOfcomの直接の管轄には含まれないことに言及しつつも，BTAは共同規制を適用していくべき想定対象に含まれていた．OFT/ICO/Ofcomの協調関係に基づくBTAへの対応は，米国における自主規制とそれに対するFTCの介入に基づくガバナンス構造を，共同規制という形で導入しようとする取り組みと理解することができるのである．

5.4 国際的な自主規制枠組の構築

BTAの越境的性質に鑑み，一国の業界団体のみにはとどまらない国際的な自主規制原則の策定も進められている．2009年7月，広告業界団体の国際的なネットワークであるWFA（World Federation of Advertisers）は，米国の複数の広告業界団体から提示された，BTAのグローバルな自主規制原則（以下，WFA原則）を採択したことを発表した（WFA [2009]）．具体的には「消費者に対する教育」「透明性」「消費者によるコントロールの確保」「セキュリティ」「大幅なデータ取扱変更時の消費者への同意取得」「子供の情報を含むセンシティブ情報の扱いへの配慮」「説明責任」の7原則から構成されており，NAI原則等を踏

襲していることが見て取れる．具体的な罰則規定は持たないものの，WFA を通じた緩やかな連携により，国際的な自主規制の基準を確立していくことが目的であるとされる．

さらに 2010 年 7 月，英 IAB が中心となり，EU レベルでの BTA 分野の自主規制原則を策定し，EU の承認を受けるための準備を進めているという報道がなされる[129]．直接規制の志向性が強い EU の関連指令においても，業界団体等による自主規制の推進を考慮した規定は置かれている．電子プライバシー指令の基盤となるデータ保護指令 27 条においては，加盟国が自主規制を奨励することを求め，業界団体が自主規制基準を策定する場合の EU 当局（29 条作業部会）およびプライバシー・コミッティーを含む各国政府機関への届出と承認のプロセスが定められている．EU を越えグローバルな事業展開を行う企業に関しては全社的な自主規制基準を定める必要性に迫られ徐々に活用の傾向があるものの（Roßnagel [2007: 11-12]）積極的な活用は行われてこなかった[130]．今後 BTA をはじめとする流動的領域の取り扱いが重要視される中で，27 条の位置付けを巡る議論は活発化していくことが予想される．

5.5　米英のガバナンス構造の対比

5.5.1　ガバナンス構造の同型化

以上確認してきたように，EU の中でも特に英国は BTA に対する直接規制を避け，米国の対応に近い業界団体の自主規制，そしてそれに対する政府の一定の関与を基調とした取り組みを進めつつある．英国が米国の手法を取り入れている中で特に重要な要素としては，(1)業界団体による自主規制原則の策定を基調としつつも，その自主規制内容について政府当局 FTC/OFT が積極的な関与を及ぼし消費者保護の確保に努めようとしていること，(2)自主規制の運

---

[129]　newmediaage - Digital industry set to submit self-regulation plans to the EU (2010/7/22). http://www.nma.co.uk/news/digital-industry-set-to-submit-self-regulation-plans-to-the-eu/3016141.article

[130]　EU レベルでの承認を受けた自主規制原則は，2009 年時点で IATA (International Air Transportation Association) および FEDMA (Federation of European Direct and Interactive Marketing) の 2 件のみであった（RAND Europe [2009: 9]）．

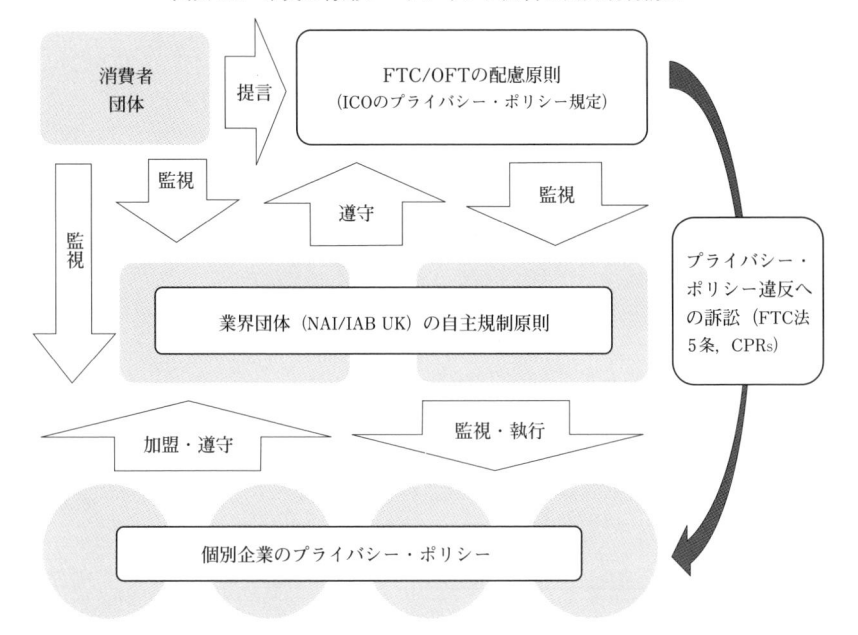

図表 5.2 米英の行動ターゲティング広告の共同規制構造

[図：消費者団体 → 提言 → FTC/OFTの配慮原則（ICOのプライバシー・ポリシー規定）；監視・遵守の関係を通じて業界団体（NAI/IAB UK）の自主規制原則；加盟・遵守、監視・執行を経て個別企業のプライバシー・ポリシーへ。プライバシー・ポリシー違反への訴訟（FTC法5条，CPRs）]

用にあたっては各ウェブサイトや広告事業者が提示するプライバシー・ポリシーの役割を重視し，それが遵守されなかった場合にはFTC/OFTが不公正取引への罰則規定（FTC法5条，CPRs）を活用して直接的な介入を行う余地を担保していること，そして(3)BTAが利用者の権利をいかなる形で侵害するかがいまだ流動的であることに鑑み，消費者の意識調査等を通じて慎重な対応を行おうとしている点を挙げることができる（**図表5.2**）．

5.5.2 制度枠組の根本的差異

しかし一方で，英国が米国の取り組みを一方的に模倣しているのみではないことにも留意する必要がある．NAI原則に代表される米国の自主規制原則には，センシティブ情報概念の導入やデータ保持期間の限定をはじめとして，EUのデータ保護関連指令の規定を緩やかな形で導入している点も多い．さらに先に確認したように，英国の法制の基盤となるEUの電子プライバシー指令では

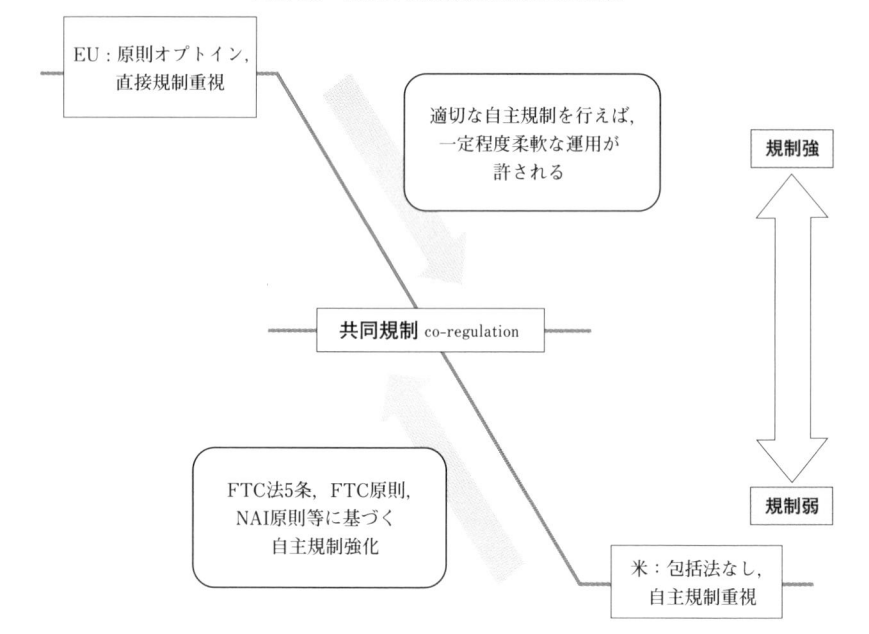

図表 5.3　米英の制度枠組の差異と同型化

```
EU：原則オプトイン，           適切な自主規制を行えば，
直接規制重視                 一定程度柔軟な運用が
                            許される

              共同規制 co-regulation                規制強
                                                    ↑
                                                    ↓
FTC法5条，FTC原則，                                 規制弱
NAI原則等に基づく
自主規制強化
                            米：包括法なし，
                            自主規制重視
```

オプトアウトでのクッキー利用を原則とするという強い規制を前提とする一方，米国ではそもそも包括的な個人情報保護法制が存在しないというデフォルト法制の根本的差異が存在する．米国ではクッキーをはじめとする Non-PII の利用を完全に自由とすることは，消費者保護の観点から適切でないという理由で徐々に自主規制に対する政府関与が進められてきた．一方，英国においては電子プライバシー指令の規定を字句通りに国内法化することがオンライン広告産業の成長を阻害するという観点から，自主規制に対する公的関与を前提として一定の柔軟な活用を許容するという形で，両者の同型化は進んできたと考えられる（**図表 5.3**）．

　米国とEU・英国の関係は，BTA という流動的領域を取り扱うにあたり，政府規制と自主規制を組み合わせた規制手法＝共同規制を模索する中で，ガバナンス構造の相互模倣を生じつつある過程と理解することが妥当であるといえよう．

5.6 我が国の法政策の方向性

　我が国においては最近までBTAへの具体的な対応は採られてこなかったが，2010年5月，総務省「利用者視点を踏まえたICTサービスに係る諸問題に関する研究会」が提示した報告書において，初めて包括的な対応の方向性が示されることとなった．同報告書では，米国のFTCを中心とした自主規制の取り組みを概観しつつ，FTC原則やOFTのIBA原則に対する意見内容に近い「配慮原則[131]」を定めたうえで，関連の業界団体が自主規制原則を策定し，遵守することによって対応することが望ましいとされている[132]．ここでは同報告書で示された自主規制重視の方向性を念頭に，英米との対比を軸に若干の議論を提示したい．

　第一に，プライバシー・ポリシーの位置付けの問題である．すでに見たように，米国の自主規制においては，民間企業のプライバシー・ポリシー違反に対してFTCがFTC法5条に基づいて提起する訴訟が主要な補強措置としての役割を果たしており，英国においても自主規制手法の導入にともないCPRsの活用によりOFTが同様の手続を採る方針が示されている．我が国においてもウェブサイト上でのプライバシー・ポリシーの提示は推奨されており，各省の作成する個人情報保護法ガイドラインなどでもプライバシー・ポリシーの提示は必要事項とされ[133]，個人情報保護法で規定された主務大臣による指導等は担保されているものの，その実効性は必ずしも定かではない．米英型の自主規制重視での対応を進めるのであれば，その実効性を確保するにあたり，既存の消費者保護法制や契約法制等との関連も含め，プライバシー・ポリシーの位置付けの明確化，およびエンフォースメントの強化を検討する必要があると考え

---

[131]　「広報，普及・啓発活動の推進」「透明性の確保」「利用者関与の機会の確保」「適正な手段による取得の確保」「適切な安全管理の確保」「苦情・質問への対応体制の確保」の6原則から構成される（総務省 [2010: 49]）．

[132]　我が国のオンライン広告業界団体であるJIAA（インターネット広告推進協議会）は2009年にはBTAについての一定の自主規制原則を発表していたが，総務省の配慮原則を受けて2010年6月に改正を行っている（JIAA [2010]）．

[133]　総務省「電気通信事業における個人情報保護に関するガイドライン」第14条等を参照．

られる．

　第二に，自主規制に対する監視の問題である．政策手段として自主規制を用いるにあたっては，その実効性や公正性に対する継続的な監視が必要になる．米国においてはFTCをはじめとする政府機関と同時に，消費者の集団訴訟（Class Action）やプライバシー関連の消費者団体（privacy advocates）が監視の役割を果たし，立法に向けた政策提言などをも行っている[134]．プライバシー・ポリシーの内容に対しても，ひとりひとりの消費者が複雑なプライバシー・ポリシーを読むことは期待できないことから[135]，代替的な監視主体としての市民団体の果たす役割は大きい．我が国においては集団訴訟制度自体が存在しないことに加え，米国ほど市民団体の活動が活発ではないことからも，何らかの代替的な監視機能が求められよう．具体的な施策としては，消費者庁をはじめとする個人情報保護法に関わる省庁の機能を活用する，あるいは専門の第三者機関（プライバシー・コミッティー）の設立により，その役割を主導させることも考えられる．我が国においても，EUのデータ保護指令（セーフハーバー条項）等との関連において第三者機関の設立に向けた議論はこれまでも行われている．その組織と権限のあり方については，既存の個人情報保護法の運用とともに，BTAのような流動的領域に対応するための，民間企業や団体との共同規制関係のあり方の設計が念頭に置かれるべきだろう．

　第三に，自主規制原則の策定プロセスの透明化である．米国においては業界団体の自主規制の基調となるFTC原則を定めるほかに，10年以上にわたりFTCを主体とした各種の公開討議やパブリック・ミーティングを開催し業界関係者や市民団体等との議論を積み重ね，自主規制内容の公正さと，一般社会に対する周知を図ってきた．英国においても，業界団体が策定した自主規制原則に対してOFTが公開の要請を行うなどの取り組みを進めている．我が国においても総務省の配慮原則の策定により自主規制内容の一定の規律付けが行われることとなるが，消費者に対する認知度合いという観点では，現時点では必

134）　たとえばDoubleClick社のBTAに対する消費者団体の抵抗運動や集団訴訟の経緯につき，Bennett［2008: 153-156］等を参照．
135）　この問題に言及した先行研究は数多いが，たとえばFTCによる企業のプライバシー・ポリシーに対する関与のあり方を包括的に論じたものとしてTurow et al.［2007］を参照．

ずしも十分な水準にあるとはいいがたい．BTA という流動的領域への対応においては，客観的な安全性や公正性と同時に消費者の主観的な，いわば「安心」の担保が重要な政策課題となるため，政府と業界団体の間のみにとどまらない，幅広いステイクホルダー間での対話が不可欠となろう．さらに事業者の参加という観点からしても，そもそも主要なインターネット広告事業者の多くは我が国に本拠地を置いておらず，現状の国内のガイドラインや自主規制原則が十分に理解されているかには疑問が残る．我が国においても総務省の配慮原則により自主規制内容の一定の規律付けが行われることとなるが，海外事業者に対する自主規制の認知向上や参加機会の確保を含めた，プロセスの透明性という観点にも十分な配慮が求められることだろう．

5.7 小括

BTA という流動的領域への対応においては，客観的な安全性や公正性と同時に，消費者の主観的な「安心」の担保が重要な課題となることからも，政府と産業界にとどまらない幅広いステイクホルダー間での対話と認識共有が不可欠となる．関連企業や業界団体に対し適切な自主規制内容の策定を促すとともに，市民団体等を含む第三者に対しても開かれた，透明な自主規制の運用を実現していく必要があると考えられる．

第 III 部

「団体を介さない」共同規制

第Ⅱ部で取り扱った，産業界をはじめとする当該分野のステイクホルダーによって構成される「団体」を通じた共同規制は，ガバナンスの透明性の確保や排外性への対応といった課題が残されつつも，政府によるモニタリングや是正のための働きかけが行いやすいなど，公私の共同規制関係を構築するうえで多くの利点がある．当該産業分野の構造的特質や，関連するステイクホルダーの性質によって，その「団体」の具体的な姿は純粋な業界団体から官民共同を含む第三者機関まで多岐にわたるが，情報社会における共同規制関係においても，多くの分野においてこのような共同規制手法は一定の有効性を持ち続けることだろう．

　しかし第2章で論じたように，公私の共同規制関係における「団体」とは，インターネット上に存在する多様なコントロール・ポイントのうちの1つの形式にすぎない．特にインターネット関連産業の多くの分野においては，産業や技術の未成熟さ，参入・退出の頻繁さ，そしてサービスごとの多様性の高さ等の要因により，固定的な業界団体や第三者機関の存在を前提とすることが多くの場合困難である．さらに，たとえばデスクトップOS市場におけるマイクロソフトや，検索エンジン市場におけるグーグルのように，インターネット関連産業に強く作用するネットワーク外部性等の要因により，特定の産業分野において実質的に存在する事業者の数がきわめて少数，あるいは単一であるという場合すらも少なくない．そのような場合には，業界団体における自主規制ルールの形成や執行という手法が実質的な意味をなさないことになる．

　第Ⅲ部では，情報社会における共同規制にとってより困難であり，かつ重要な論点となるであろう「団体を通じない」共同規制の方法論について，「媒介者」を通じた共同規制（第6章），「公私協定」による共同規制（第7章），「技術規制」を通じた共同規制（第8章）の類型を取り上げ，それぞれUGC・P2Pによる著作権侵害対策，SNS上のプライバシー・青少年保護，音楽配信プラットフォームにおけるDRM技術の問題を論じていく．

第6章 UGC・P2Pにおける著作権侵害への対応

本章では，インターネット上のコミュニケーションの媒介者に対する，プロバイダ責任制限法制を通じた著作権侵害対策のインセンティブ付与を，「団体を介しない」共同規制の一類型として位置付けることにより，プロバイダ責任制限法制の現状に対する実質的な理解と，今後の制度設計のために必要な分析視角を提示していく．まず，全体的な問題状況を把握するために米国・EUおよび英国の制度枠組を概観した後，制定法と自主規制の相互作用に関連の深い「過剰削除」「ブロッキング技術の導入」「ISPレベルでの対応」の3つの論点の検討と，我が国のプロバイダ責任制限法の状況との対比を行い，最後に今後の制度設計のあり方に対する方向性を論じる．

6.1 プロバイダ責任制限法制の現代的課題

6.1.1 プロバイダ責任制限法制と共同規制

インターネット上のコミュニケーションは，多くの場合何らかのプロバイダ[136]を介して行われる．プロバイダは，利用者から受け取った情報をインターネット上で公開する役割を担うにあたり，その情報が著作権侵害をはじめとする違法な内容を含んでいた場合，利用者が行った違法行為に対して一定の責任

[136) 我が国ではこの点「ISP（Internet Service Provider）」という用語が用いられることも多いが，便宜のため本書では，単に「プロバイダ」といった場合は，UGCサービス等をはじめとする他者のコンテンツを受け取り，インターネット上で公開するホスティング・プロバイダを指し，特に「ISP」という呼称を用いる場合には，IPアドレスの割り当て等によりインターネット・アクセスを提供するプロバイダ（いわゆる Internet Access Provider）の機能のみを指すものとする．

を負うことを免れない場合がある．プロバイダの利用者は通常きわめて多数に上るため，そこで行われた違法行為すべてに対して民事・刑事上の責任や常時の監視義務を負わされると，実質的にサービス提供が著しく困難となり，情報社会の発展そのものに悪影響を及ぼす可能性がある．

こうした問題を解決するために，インターネットが本格的に普及し始めた1990年代後半から各国において議論の焦点となってきたのが，利用者が行った違法行為に関して，プロバイダの責任をどのように「制限」するかという問題である．米国では1996年にCommunications Decency Act（以下，CDA），1998年にDigital Millennium Copyright Act（以下，DMCA）が成立，EUでは2000年にEU域内のプロバイダ責任制限の枠組を定めたE-commerce Directive（2000/31/EC，以下，ECD）が成立し，我が国では2002年に「特定電気通信役務提供者の損害賠償責任の制限及び発信者情報の開示に関する法律（以下，プロバイダ責任制限法）」が施行されるなど，各国において法的枠組の構築が進められてきた．プロバイダに関わる法的問題は多岐にわたるが，著作権侵害をはじめとする多くの領域について共通の原則として採用されているのが，いわゆるNotice and Takedown（以下，NTD），すなわち「当該プロバイダのサービス上に違法なコンテンツが掲載されているという通知（notice）を受けた際に，該当するコンテンツを削除する（take down）」対応を行えば，プロバイダ自身は利用者が行った違法行為について損害賠償等の責任を問われないという責任制限のプロセスである．

しかし，NTDプロセスの詳細なあり方を含めて，いずれの国々においてもプロバイダ責任制限法制[137]の条文そのものでは，プロバイダが免責されるための詳細な要件を定めておらず，実質的なルール形成は蓄積される各種の判例に加え，プロバイダ事業者自身による自主的な取り組み，あるいは業界団体や関係者が協力して定める行動規定（Code of Conduct）といった，自主規制によって形成される部分が大きい．それらの自主規制の内容は，基盤となるプロバイダ責任制限法制をはじめとする関連法制のみならず，商習慣や解決すべき問題

---

[137] 本書では，日・米・欧における「制定法としての」プロバイダ責任制限関連法制度を総称する際，「プロバイダ責任制限法制」という表現を用いる．

を取り巻く社会・経済的状況など複数の要素に依存するものであり，具体的なルール形成のありようは各国によって異なる．言い換えれば，各国のプロバイダ責任制限法制の実質的なルールは，公的機関が直接的にすべてを決定するわけではなく，また純粋な民間の自発的意思に基づく自主規制というわけでもなく，民間の取り組みと政府の制定する制度枠組の相互作用関係の中で形成される，共同規制と理解すべき側面を有するのである（Frydman et al. [2009]）．

6.1.2　自主規制のコントロール

　一方プロバイダ責任制限法制は，プロバイダの事業活動を円滑にすることとはまた別の側面を持つ．公的機関がインターネット上の違法な行為やコンテンツに対する取締りを行おうとした際，インターネットの持つ一定の匿名性，関連する利用者の数，そしてその国際性・越境性などを主な要因として，公的機関自身がそれらを逐一取り締まることは，現実的にきわめて困難である．そうした分散的なエンド・トゥー・エンドのデジタル・ネットワーク環境において，サービス上のコンテンツに対する一定程度集中的な管理能力を持つプロバイダは，インターネット上のコントロール・ポイントとしての役割を果たしうる[138]．法執行の効率性や実効性という観点からすれば，公的機関としては違法行為を行う個々の利用者に目を向けるよりも，コミュニケーションの媒介者（intermediary）であるプロバイダをいかにコントロールし，規制者の代理人（regulatory agency）として振る舞わせるかということが，主要な焦点として浮かび上がるのである．

　ただし，第3章・第4章で論じた放送事業者や通信事業者などの寡占的市場と異なり，「プロバイダ」の役割を果たす事業者や個人はきわめて多数に上る．実行可能性という観点からも，あるいは表現の自由や営業の自由への配慮という観点からも，プロバイダに対して直接的な命令と統制によるコントロールを行うことは困難であり，また望ましくもない．それぞれのプロバイダは，利用

---

138) このほか，インターネット上のコミュニケーションを直接媒介せずとも，製造物の利用方法如何によって他者の違法行為を幇助しうるソフトウェア製造者等の責任の展開を，「ゲートキーパー」という概念を手がかりにインターネットの End to End の原理の観点から子細に論じた Zittrain [2006a] は，本章の問題意識と重なるところが大きい．

者の違法行為によって自身が損害賠償等の責任を負うことを回避したいという共通のインセンティブを持つ．そのインセンティブに働きかける制度枠組，具体的にはサービス上での違法行為に対し，いかなる対応を行えば免責の要件を充たすかというプロバイダ責任制限法制の設計の如何により，NTDプロセスに基づき受動的に通知を受け「事後的」な対応を行うのみならず，「事前的」に違法なコンテンツを遮断するよう振る舞わせることも可能となる．特にいわゆるUGCサイトの拡大にともない，無数の利用者によって発信される情報が質量ともに拡大する近年において，著作権侵害に対するプロバイダの能動的な対応への要請は急速に高まりつつある．

こうしたプロバイダ責任制限法制を通じたプロバイダのコントロールは，実質的な公的機関の関与が過度に強い場合には一種の間接的な検閲として機能し，表現の自由への抵触を避けられない場合が生じることから，一定程度抑制される必要がある．しかし一方で，プロバイダ責任制限法制に基づく自主規制が行われた結果，規制当局の意図しない過度の表現規制，あるいは情報社会の健全な発展を阻害するような振る舞いが生じることを避けるという要請も生じる．すなわち，プロバイダ責任制限法制による自主規制のコントロールにおいては，(1)代理人としてのプロバイダに違法コンテンツを自主的に削除させることと，(2)そのような自主規制によって生じうる弊害を抑止・解決するという，2つの視点が求められるのである．

我が国の法学・制度研究に見られるような，制定法や判例のみを対象とする分析視角によっては，プロバイダ責任制限法制の現状に対する包括的な理解，そしてそこに存在する課題についての実質的な検討を行うことは困難である．以上の問題意識に基づき，本章では主に著作権侵害に関わる論点を中心として，プロバイダの責任制限を定めた各国の法制の相違と，それによってもたらされるプロバイダの自主規制の実態を多角的に検討するため，米国，EUおよび英国の制度を概観（6.2）した後，現在生じている主要な論点の検討を行い（6.3・6.4・6.5），最後に我が国のプロバイダ責任制限法制を取り巻く状況との対比（6.6），そして今後の制度設計のあり方に対する一定の議論（6.7）を提示していく．

6.2 欧米の制度枠組

6.2.1 米国の規定（デジタルミレニアム著作権法）

　インターネットの拡大の中心地となった米国においては，プロバイダの責任を問う訴訟も早くから提起されてきた[139]．判決の多くはプロバイダの責任を軽減させようとするものであったが，必ずしも裁判所の姿勢は統一されておらず，立法による責任ルールの明確化の必要性が徐々に指摘され始める．米国で最初に成立したプロバイダ責任制限法制は，1996 年に成立した CDA（1996 年通信法第 5 章）である．同法 230 条(c)(1)は，双方向コンピュータサービス (interactive computer service)におけるプロバイダの責任を，「双方向コンピュータサービスにおけるいかなるプロバイダやユーザーも，第三者によって提供された情報について，発行者 (publisher) や発言者として扱われることはない」として制限している．他者の表現を媒介するサービスとしてはインターネット以前から多くの類型が存在していたが，特に雑誌や新聞等の出版社のようにその内容に対する編集責任 (editorial responsibility) を持つ「発行者」としてみなされるか，あるいは書店や図書館のように表現内容には原則として介入を行わない「配布者 (distributor)」とみなされるかによって，媒介者が負う責任は大きく異なる．当該媒介者が「発行者」とみなされれば，発行物に含まれた名誉毀損表現にともなう損害賠償等の責任を当然負うこととなり（厳格責任），一方で「配布者」とみなされれば，その表現について知っていたか，あるいは知りうべき相当の理由があった場合に限り責任を負うこととなる（過失責任）．CDAは，インターネット上のプロバイダの責任が，原則として後者に限定されることを明確化したのである．

　CDA230 条(e)(1)では，同条における規定は知的財産分野に影響を与えないとされ，著作権分野においては 1998 年に DMCA におけるセーフハーバー条項（米国著作権法 512 条）が成立する．DMCA では，CDA における過失責任の原

---

[139] 欧米のプロバイダ責任制限法制の制度枠組については我が国においてもすでに多くの紹介がなされているため詳細な検討は避け，本章の問題意識と直接関係する点に焦点を絞る．そのため，発信者情報の開示等の論点に詳細な言及は行わない．

則を引き継ぎつつも，免責を受けるための要件をより詳細に規定する．他者の情報をホスティングしインターネット上で公開するプロバイダ[140]は，利用者が行った侵害行為についての現実の知識（actual knowledge）を持たず，侵害を明らかにする事実や状況に気付いておらず，かつ権利者から所定の記載要件に基づく侵害通知があった場合にただちにその著作物を削除すること（512条(c)(1)(A)）により免責の対象となるという形で[141]，NTD のプロセスが明確化されている．

しかしこうした削除手続は，不可避的に誤った削除，つまり本来著作権を侵害していないコンテンツを削除するなどして，情報の発信者側に対する損害をもたらす事態を生じうる．そのため DMCA では，削除措置を受けた利用者からの反論を受け回復を図る手続（512条(g)(2-3)），および情報の削除により情報発信者側に損害が生じた場合においても，プロバイダが信義誠実に行動した場合には責任を問われないとする，いわゆる「善きサマリア人条項」(512条(g)(1))を規定している．加えて，近年課題となっているブロッキング技術に関わる規定が置かれる．512条(m)(1)においては，プロバイダは自らのサービス上での利用者の行為に対する一般的な監視（general monitoring）義務を負わないものとしてプロバイダの過度の監視責任を否定している．一方，512条(i)(1)においては，反復的な侵害を抑止するポリシーを採用し，利用者に対して明確に提示し実践していること，標準的な技術的手段（standard technical measures）を採用し，またそれを妨げないことが免責の要件とされている．

---

140) このほかに，通信の接続や一時的保存のみを担う導管 (conduit)（512条(a)），キャッシング（512条(b)），検索エンジンをはじめとする情報検索ツール(information location tools)(512条(d))の分類がなされているが，以下では便宜のため，後述の ECD と合わせ特に言及のない限りホスティング・プロバイダについての検討を行う．

141) さらに，プロバイダが侵害行為をコントロールする権限や能力を持たず，その行為から直接的な経済的利益を受けていないことが要請される（代位責任（vicarious liability）への非該当性，512条(c)(1)(B)．寄与侵害と合わせ田村 [2007: 86-] 等も参照）．この点，商業的・非商業的を問わずウェブサイト上において広告等の手段により何らかの収益を得ることが常態化している現代の状況において，いかに責任制限の要件を判断するかが問題になる．後述する ECD の規定と合わせ，近年の議論のレビューとして Brown [2008] 等を参照．

6.2.2 EUの規定（電子商取引指令）

EUにおいてプロバイダ責任制限法制の必要性を指摘したのが，インターネット上の違法・有害コンテンツへの対応指針を示したEuropean Commission [1996] である．同文書は法的強制力は持たないものの，情報社会に関する法制度の不調和が欧州経済にもたらす利益を阻害するとして，プロバイダの責任についての一定の基準を策定する必要性を指摘した．さらにプロバイダが行う自主規制の重要性を強調し，PICS (Platform for Internet Content Selection) のようなブロッキング技術等を利用した自主規制措置を促進すること，加盟各国はインターネット上の違法コンテンツをプロバイダに通知するホットラインや，さらに積極的に違法コンテンツを探し出す主体（watchdog）の設立を支援することなどを求めた．さらに青少年保護の取り組みとして開始されたSafer Internet Programにおいては，プロバイダが設置するホットラインの国際的なネットワークであるINHOPEや，インターネット上の青少年保護に関する注意喚起や意識向上等の活動を行うINSAFEを通じた，自主規制に対する各種の支援が進められてきた．

EU各国においてもプロバイダの責任を問う訴訟や個別立法が続く中，加盟国のプロバイダ責任制限の調和を図るために制定されたのが，2000年に施行されたECDである．ECDでは違法行為全体に関わるプロバイダ責任制限のほか，電子署名の有効性や消費者保護等についても規定している[142]．「情報社会サービス（Information Society Service）」[143]のプロバイダに該当する事業者については，DMCA512条(m)(1)と同様に加盟国がプロバイダに対して一般的な監視（general monitoring）義務を課してはならないことを明記し（15条）[144]，ウェ

---

142) ただし同指令の規定は，EU域内の個人情報保護を定めたデータ保護指令や電子プライバシー指令（第5章）に影響を与えないことが明示されている（1条(5)(b)）．
143) 98/34/EC (98/48/ECで一部改正) の1条(2)において，「主に何らかの利益を目的として，利用者の求めに応じて電子的手段を通じて遠隔的に提供される」サービス全般を指すものと定義される．ただし国境なきテレビジョン指令（AVMS指令に改正，第3章）をはじめとする各種の指令や規則によってすでにルールが確立していることなどを理由として，テレビ放送やラジオ放送はその定義には含まれない（前文18）．
144) ただし後に見るように，ECDでは加盟国がISPに「一般的な監視義務」を課すことは禁じているものの，特定の種類の違法行為を防ぐために合理的であると認められうる追加の注意義務を課すことについては禁止していない（前文48）．

ブサイト上において事業者名および所在地，メールアドレスを正確に提示させることを求めている（5条）．

　米国 DMCA512条(c)に該当するのは，14条に定められるホスティング・プロバイダの責任であり，14条(1)において DMCA512条(c)(1)(A)等で規定されるのと同様の NTD プロセスを定めている．ただしそのプロセスの詳細，つまり権利侵害が生じていた場合に被害者はいかなる方法でプロバイダに通知を行うべきなのか，プロバイダはそれらの通知に対していかに対応すべきかなどについては ECD では定められておらず，加盟国の国内法，あるいは個別の事業者の取り組みに委ねられている．さらに後で詳述するように，米国DMCA512条(c)(g)(1-3)で規定されるような，削除されたコンテンツの回復手続についても定められていない．これは ECD が EU 域内での共通のプロセスを定めるというよりは，プロバイダが民事的・刑事的に免責されるための一定の基準を定めようとするものであったことを反映している（Frydman and Rorive［2002: 53］）．

　16条以下では，ECD を EU 各国が国内法化する際に参照されるべき付随的な規定が置かれている．16条では，各国は ECD の各条項を国内法化するにあたり，産業界に対して各種の自主的な行動規定の策定を働きかけるよう求めている．これは産業界の自主性を確保することと同時に，情報社会サービスのような変化の激しい分野において，時間的に数年を要する立法や法改正に頼るよりも，より柔軟な行動規定による対応を行うことが現実的であるという意図に基づく（Lodder［2002: 90］）．行動規定の策定にあたっては，事業者や専門家に加えて消費者を含めた議論がなされること，内容に関しては指令の規定を適切に反映していることが求められる．EU や各国政府に対して行動規定のドラフトを提出し，承認を求める条項も組み入れられているが，あくまでも強制ではなく自発的に行うこととされている．さらに違法コンテンツへの対応に加えて，16条(1)(e)では，ECD では必ずしも対象範囲とされていない青少年保護に関する行動規定の策定も視野に入れるべきだとされる．17条では，電子商取引に関する紛争を解決するための ADR（Alternative Dispute Resolution，あるいは Online Dispute Resolution）の設置と活用を促すよう加盟国に求めている．削除された情報の回復請求を含む各種の紛争を逐一公式の訴訟プロセスで解決する

ことはコスト的にも現実的でないことから，裁判外の紛争解決，特にオンラインで簡易に利用可能な紛争解決手段を求めているのである[145]．

6.2.3 英国における電子商取引指令の国内法化

英国ではECDに対応するため，2002年8月，電子商取引規則（e-commerce regulation）を施行し，同規則の具体的な指針を示すためにDTI（Department for Trade and Industry，省庁再編により現在はDepartment for Business, Innovation and Skills）がガイドライン（DTI [2002]）を公開している．同規則は基本的にはECDと同内容を示しているのみであり，NTDの手続についても，プロバイダの活動分野によって状況が大きく異なることなどを理由として具体的なプロセスを定めることはせず，引き続き産業界の自主的な取り組みに任せられるべきであるとしている（DTI [2002: 27-28]）[146][147]．

英国内の自主規制に関しては，ISP事業者団体のISPA UK（The Internet Services Providers' Association，1995年設立）[148]が加盟企業が従うべき要件としての行動規定[149]を策定し，Ofcomによる承認を受けているが，NTDに関わる

---

[145] ただし近年の各国における議論状況を見ても，プロバイダ責任制限法制，特に著作権侵害等に関する独立したADRの役割を重視したものは少なく，後述する英国のDigital Economy Actの立法過程においてもISPと著作権者の利害対立を調停するRights Agencyの設立が検討されたものの，実現には至っていない（Wales [2009: 4]）．これはプロバイダ責任制限法制に関わる紛争処理の多くが，NTDのプロセスや個別企業・業界団体の判断，そしてそれに対する利用者等の異議申立というプロセスに内部化され，特に深刻な紛争の場合は司法での解決に委ねるという対応が一般化していることが1つの要因としては考えられよう．プロバイダ責任制限法制に焦点を絞ったものではないが，電子商取引に関する代替的紛争処理の歴史と近況のレビューとしてKatsh [2006] 等を参照．

[146] 2005年には電子商取引規制における免責の範囲を，米国DMCAで規定されているハイパーリンクや位置情報サービス，コンテンツアグリゲーションサービスにまで拡大しようとする検討も行われたが，実現には至っていない（DTI [2006]）．

[147] このほかにCopyright, Designs and Patents Act 1988において，Information Society Directiveに対応するため，裁判所がプロバイダに対して差止命令を出すことが可能な規定を追加している（第97条A項）．また誹謗中傷に関してはDefamation Act of 1996において，その事実を知らずに誹謗中傷を含む内容を配布した配布者は責任を問われないことを定めている（1条(1)(c).）．

[148] インターネット接続事業を行うISP事業者団体であり，ホスティングや電子掲示板等を管理する「プロバイダ」全般を対象とした事業者団体ではない．しかし森田 [2008] が我が国のプロバイダ責任制限法を取り巻く状況に関して指摘するように，英国においても比較的集合性の高いISP事業者団体が策定した自主規制ルールは，その他のプロバイダに対しても一定の規範的効力を及ぼし

具体的な手続等は定められておらず，利用者からの苦情受付については「10 営業日以内の対応」を行うという一般的な文言が置かれるのみとなっている．違法情報への自主的な対策としては，ISP 事業者が中心となり 1996 年に IWF (Internet Watch Foundation) が設立され，「児童性的虐待画像」「児童等への不適切な接触 (online grooming)」「ヘイトスピーチ」に関わる情報を受け付けるための集中的なホットライン窓口と，各 ISP がそれらの遮断を行うための URL リストの作成等を行っており，徐々にその活動も拡大しているが，著作権分野への対応は行っていない (Wales [2009: 11])．

6.2.4　DMCA と ECD の相違

米国の DMCA と EU の ECD は，いずれも NTD プロセスによる対応を責任制限の要件とする点では共通しているものの，米国では DMCA (著作権) と CDA (それ以外) でそれぞれを規定する垂直的手法，EU では ECD によって全体を規定する水平的手法を採っている点をはじめとして，実際の規定には一定の差異が存在している．DMCA に存在しており，ECD に存在していない規定としては，(1)NTD の詳細なプロセス，(2)情報発信者からの反論を受け付ける機会，(3)免責要件として一定の技術的措置を要すること，(4)免責対象の類型としての「情報検索ツール」提供サービス[150]，(5)プロバイダが情報を削除した際の「善きサマリア人条項」等を挙げることができる．一方で ECD の規定に存在しており，DMCA に存在しない規定としては，主に ECD の国内法化に関する(1)自主的な行動規定策定の推奨，(2)ADR の活用等を挙げることができる．

全体的な比較としては，DMCA においてはプロバイダの免責要件についてかなり詳細な部分までを規定しており，ECD では各国での対応，とりわけ産業界における自主的な対応に委ねられる部分が広いといえる．これは DMCA が

　　ているものと考えられる．
149)　ISPA Code of Practice. http://www.ispa.org.uk/about_us/page_16.html
150)　ECD では DMCA512 条(d)に該当する検索エンジンをはじめとする情報検索ツール (information location tools) の免責に関わる規定が存在しないが，2003 年の時点ですでにスペイン，オーストリア，ポルトガル，リヒテンシュタインをはじめとするいくつかの国々では同様の規定を導入している (European Commission [2003: 13])．

直接適用される法律であるのに対し，ECD が加盟国に対する一定の共通基準を求める指令であるという性質の違いから自然と見ることもできようが，上述した英国をはじめとして，ECD の規定をほぼ字句通りに国内法化している加盟国が存在する点には留意する必要がある[151]．さらに DMCA が著作権法に焦点を絞ったものであるのに対し，ECD が単一の指令で違法情報全般に対応しようとしている点も，規定の具体性の差異の理由として指摘する必要があるだろう．実際に EU でも知的財産関連の指令においていくつかの補足的な対応がなされており，2001 年の Information Society Directive（2001/29/EC）では，8 条(3)において，著作（隣接）権者はそのサービスが著作権侵害に用いられている事業者に対して，差止（injunction）を求めることができるとされている．さらに 2004 年の Intellectual Property Rights Enforcement Directive（2004/48/EC）では，ECD に規定の置かれていなかった権利侵害者の発信者情報開示について定めており（DMCA512 条(h)に相当），知的財産権の侵害を受けた権利者は各国の裁判所を通じて，プロバイダをはじめとする媒介者に対して侵害を行った者の情報開示を求めることができる（8 条）．

6.3　過剰削除を巡る課題

6.3.1　NTD プロセスの不完全性に起因する過剰削除

　NTD の要件に従えば，プロバイダの側には，権利侵害の通知を受けた場合にはできる限り迅速にそのコンテンツを削除しようとするインセンティブが働く．特に大規模な電子掲示板や動画共有サービス等の場合，そうした通知はきわめて多数に上ることになるため，1 件 1 件の通知について本当に権利侵害に該当する内容であるのかといった吟味を十分に行うことは実質的に困難であり，本来は削除されるべきでないコンテンツがプロバイダによって削除される可能性をもたらす．

　この点につき米国では，著作権侵害の通知を受けてコンテンツの削除やアク

---

151)　この点につき，米国および EU の英国・フランス・ドイツ等のプロバイダ責任制限法制の規定を広く比較した DeBeer and Clemmer［2009: 385］等を参照．

セス遮断を行った場合にはその旨を情報発信者に通知し，反論を受け付ける機会を設けることを定めた DMCA512 条(g)(1-3)により，過剰削除には一定の歯止めがかけられていると考えられよう．一方 EU では，ECD14 条(1)において，権利侵害の通知があった場合には「迅速に対象を削除する」こととされるのみであり，合法なコンテンツが誤って削除されることを防ぐ，あるいはそれを回復させるためのプロセスは特に定められていない．この詳細なプロセスは各国法や業界団体の自主規制によって補完することも可能であろうが，少なくとも英国においてはそうした法制度や自主規制は明確な確立には至っていない．この点について詳細な量的データは存在していないが，2004 年に英国でオックスフォード大学の研究者らによって行われた覆面調査員型の比較調査（Ahlert et.al.［2004］）によれば，英国のプロバイダは米国と比較して著作権侵害の苦情をよく精査することのないまま該当コンテンツを削除している傾向が示され，その要因として ECD に情報発信者の反論を受け付けるプロセスが存在しないことが指摘されている．

　さらに，DMCA512 条(g)に含まれる善きサマリア人条項も ECD には存在しないことから，プロバイダの法的位置付けは相対的に不安定に置かれる．プロバイダによる誤った削除は，法的にはまずプロバイダと利用者の間で結ばれるサービス利用許諾条件についての契約違反となりうることから，各プロバイダはコンテンツの削除に関する一定の要件（サービス運営者が不適切と判断した場合にはコンテンツが削除される場合がある等）をサービス利用規約に含めることによって対応している．DMCA512 条(g)(1-3)等に該当する規定を ECD に明文化する議論も進められてきたものの（Edwards［2009: 76］），現時点では具体的な指令の改正は行われていない．

6.3.2　フェアユース条項に起因する過剰削除

　一方米国においても，米国著作権法 107 条で規定されるフェアユース条項との関連が問題となることがある．フェアユース条項は，当該著作物の利用を(1)利用の目的と性格，(2)利用された著作物の性質，(3)著作物全体との関係における利用された著作物の量および重要性，(4)著作物の潜在的価値または市場に対して及ぼしうる影響，という 4 つの観点から総合的に判断し，正当である

と認められた場合には著作権侵害とならないとする規定である．同規定による判断は基本的に訴訟の場面における裁判官の判断によって事後的に決定されるものであるため，NTDに基づきプロバイダが当該著作物の削除を行う場合，あるいは後述するブロッキング技術による削除を行う場合などに，事前の判断が困難となる[152]．実際に2007年には，メディア企業のViacomがYouTubeに対して行った削除要請は本来フェアユースに当たるものであるとして米国の消費者団体らが訴訟を提起し[153]，Viacom側はそれを認め謝罪，今後削除通知を行う際にはフェアユースに該当するか否かの検討を行うこと，さらに誤った削除が行われた場合の苦情受付窓口をViacom自らが設けることなどに合意している[154]．

6.4 ブロッキング技術導入を巡る問題

6.4.1 ブロッキング技術

米国・EUいずれにおいても，従来はプロバイダが責任制限を受けるための要件は，NTDプロセスを中心とした「事後的」対応に焦点が置かれており，権利者からの通知を受けて速やかに対応を行うことがプロバイダの関心の中心であった．しかし近年のUGCサービスの拡大にともない，著作権侵害コンテンツをユーザーのアップロード時等に「事前的」に検出し削除するブロッキング技術の導入を，プロバイダがどの程度まで求められるかが焦点となっている．違法情報を事前に検出し削除するブロッキング技術はさまざまなものが開発されているが，現在UGCサービスで広く用いられているのが，米国に本拠地を置くAudible Magic社等の提供する，いわゆるフィンガープリント型の著作権侵害コンテンツ検出技術である．権利者等が同社のデータベースに登録して作

---

152) こうした事前の決定が困難なフェアユースの性質を，いかにしてDRMのような技術的保護手段に反映させるかは米国では議論の対象になることが多い．近年の議論の状況としてはたとえばArmstrong [2006: 68-] を参照．

153) *MoveOn. org Civic Action and Brave New Films, LLC v. Viacom International Inc.*, 3: 2007cv01657 (N.D.Cal, 2007).

154) Viacom Admits Error -- Takes Steps to Protect Fair Use on YouTube (Electronic Frontier Foundation, 2007/4/23). http://www.eff.org/cases/moveon-brave-new-films-v-viacom

成するコンテンツのデータベースに基づき，アップロードされたコンテンツがそのデータベースと合致するかを判断し，合致した楽曲（あるいはそれを含んだ動画等）のアップロードを自動的に遮断することや，サイト上から削除することを可能にしている[155]．

6.4.2 欧米の状況

米国の DMCA においては，責任制限を受けるための要件として，ブロッキング技術をはじめとする事前の技術的措置を求める条項が存在し（512 条(i)(1))，実際に大手の UGC プロバイダは一定の技術的措置の導入を行っている[156]．一方で EU の ECD においては同様の規定は置かれておらず，UGC プロバイダがブロッキング技術の導入を求められるか否かは条文上定かではない．ECD12 - 14 条のいずれにおいても，裁判所が「侵害を排除する，あるいは防ぐための命令」を出すことは認めており[157]，また Information Society Directive 8 条(3)は著作権者がプロバイダに対して差止請求を行うことができると規定し，Enforcement of Intellectual Property Rights Directive 9 条(1)でも再確認されている．これらの規定から，権利侵害が明らかである場合の「事後的な」差止命令の正当性に関しては疑いがないが，プロバイダの一般的な監視義務を否定した ECD15 条との関係から，著作権侵害ファイル等を「事前に」検出し，削除するためのブロッキングソフトの導入が求められるかどうかが問題となる．この点につき，ECD 前文 45 および 47 では，監視義務は「特定の場合（specific case）」に限られるとしている．さらに前文 40 では，違法コンテンツを自動的に識別して未然にブロックするような技術の導入は，関係者による自発的な合意（voluntary agreements）によることが望ましいとし，各国政府は合意形成を支援すべきであり，かつそのような技術は，データ保護指令や電子プライバシー指令が定めるプライバシー保護に配慮したものでなければならない

---

155) さらにこのほかにも，ISP 向けに DPI 技術を用いたブロッキング技術も実用化されており，後述する ISP レベルでの著作権侵害対策に用いられる．
156) たとえば YouTube や MySpace も，大手メディア企業との共同事業を開始したことを契機として，2007 年からは Audible Magic 社のブロッキングソフトの実装を行っている．両社の経緯については Kim［2007: 146］等を参照．
157) それぞれ ECD12 条(3)，13 条(2)，14 条(2)．

とする[158]).

　近年のEU加盟国の判決においては，このようにECDの中で明確な規定が存在しない状況を背景にしつつも，UGCプロバイダの責任制限の要件としてブロッキング技術の導入を求めるものが相次いでいる．2007年，フランス[159]に本拠地を置くEU最大の動画共有サービスであるDailyMotionが著作権侵害訴訟の対象となった事件[160]では，DailyMotionは権利者からの著作権侵害通知には適切に対応しており，これ以上の対応を求めることはECD15条の一般的監視義務の否定に反すると主張したが，裁判所はこれを認めず，DailyMotionが免責を受けるためには一定のブロッキング技術の導入が必要であるとし，損害賠償の支払いを命じた (Jondet [2008])．さらに同年のGoogle Video (2009年にYouTubeに統合) に対する著作権侵害訴訟の判決[161]においては，Daily Motionと同様にホスティング・プロバイダとしての地位が認められ，著作権侵害の通知に対しても迅速な対応を行っていた．しかし裁判所はグーグルが免責を受けるためには著作権侵害通知に受動的な対応を行うのみでは足りず，特に一度特定のコンテンツについて通知を受けた後は，当該コンテンツが繰り返しアップロードされることを防止するための技術的措置を導入する必要があるとし，グーグルの責任を認めたのである (Angelopoulos [2009: 4])[162]．

　これらはいずれも事前のブロッキング技術等の導入につき，ECD前文45および47の監視措置に関する規定を広く解したものとされる．これらの判決に

---

158) さらに2008年には，オンライン環境ではブロッキング技術の導入が表現の自由の制限になりうるとの観点から，表現の自由に配慮した利用を行うよう求めた勧告が出されている (European Commission [2008c])．
159) フランスにおけるECDの国内法化は，2004年のLCEN (Loi pour la confiance dans l'économie numérique) によって行われている．LCENの詳細については日本語では井奈波 [2008] に詳しい．
160) *Nord-Ouest Prod. v. S.A. Daylymotion*, Tribunal de grande instance Paris, July 13, 2007.
161) *S.A.R.L. Zadig Prod. v. Google Inc*, Tribunal de grande instance Paris, Oct 19, 2007.
162) このほかにも近年ではUGCサイトがどこまでプロバイダ責任制限法制の免責対象となるかが焦点となっており，大手SNSサービスのMySpaceが著作権侵害訴訟の対象となった *Lafesse v. MySpace*, Tribunal de grande instance Paris, July 13, 2007.では，MySpaceがユーザーが利用するページの構成をほぼ全面的に決定しており，また広告による収入を得ていることなどを理由として，ECD14条でいうホスティング・プロバイダとしての要件を満たしておらず発行者 (publisher) の立場にあるものとし，直接的な著作権侵害の責任と60,000ユーロの損害賠償を認めている (Blázquez [2008: 4])．

より，EUにおいてもECDの定める免責要件を満たすためには，実質的にはDMCA512条(i)(1)同様ブロッキング技術の導入が必要であると解される余地が生じている．実際にDailyMotionでは同判決を受けた直後にAudible Magic社のブロッキング技術の導入を発表[163]，MySpaceにおいても同技術が採用される[164]など，プロバイダによるブロッキング技術の導入は拡大しつつある．

6.4.3　自主的な協定への動き

一方で，プロバイダがブロッキング技術を「どの程度の技術水準で」採用すれば免責の対象となるかは，EU・米国ともに現在までのところ明確に定められていない．こうした不確実性を解消するため，著作権者団体とプロバイダが，著作権侵害に対していかなる対応を行うかについての自主的な協定を結ぶ事例が現れ始めている．米国では2007年，主要な映画・テレビ番組スタジオ(Disney, CBS, NBC Universal, Viacom)と大手UGCプロバイダ(MSN Video, MySpace, DailyMotion, Veoh.com)が共同で，UGC Principles (Principles for User Generated Content Services，以下，UGC原則)[165]に署名した．同原則は政府の直接的な介入や要請は受けておらず，法的な強制力を持たない一種の紳士協定ではあるものの，UGCプロバイダがこれに従う限り，著作権者はUGCプロバイダに対し著作権侵害の訴訟を提起しないものとされている．同原則ではまず以下のように，UGCプロバイダが著作権者との協力の下に適切なブロッキング技術の導入を行うことが定められる．

- 利用者に対して著作権侵害を行わないよう周知・確認を行うとともに，サービス利用規約においても著作権侵害を行わないよう定める．
- 著作権侵害を予防するために効果的かつ合理的なコンテンツ特定技術 (Identification Technology) を実装し，著作権者が作成するコンテンツ・

---

163) Dailymotion choisit la solution de fingerprinting d'Audible Magic pour détecter les vidéos protégées par des droits (DailyMotion, 2007/7/13). http://press.dailymotion.com/fr/wp-content/uploads/AudibleMagic-Dailymotion.pdf
164) MySpace Implements Video Filtering System to Block Unauthorized Use of Copyrighted Content (AudibleMagic, 2007/2/12). http://audiblemagic.com/news/press-releases/pr-2007-02-12.asp
165) http://www.ugcprinciples.com/

データベース（Reference Material）を活用したブロッキング技術の導入を行う．
- 同技術は技術進歩に合わせたアップデートを行い，著作権侵害を十分に抑止すると同時に，合法なコンテンツのアップロードを妨げず，かつフェアユースに対する十分な配慮を行う．
- データベースに登録されたコンテンツについて，著作権者が特定の利用者に合法的なアップロードを認めた場合には，著作権者はそれらの利用者のホワイトリストを作成し，UGC プロバイダに提供する．
- 著作権者と UGC プロバイダが協力して，著作権侵害に当たらないコンテンツが誤って削除された場合の苦情受付プロセスを確立する．

さらに同原則の後半では，DMCA の規定を敷衍しつつ，NTD の詳細なプロセスについての規定が置かれている．

- 著作権者から UGC プロバイダに対して著作権侵害コンテンツの削除要請があった場合には，UGC プロバイダは，(1)迅速に削除対応を行い，(2)アップロードを行ったユーザーに対して適切な通知を行い，(3)ユーザーからの反論があり，それが合法的なコンテンツであったと認められた場合にはコンテンツの回復を行う．
- 著作権者が削除要請を行うにあたっては，当該コンテンツがフェアユースに該当しないことに配慮する．
- プライバシー保護等をはじめとする関連の法令に配慮しつつ，UGC プロバイダは，(1)アップロードを行ったユーザーの IP アドレスおよびその日付等の情報，および(2)アップロードされた後に著作権者からの通知により削除されたコンテンツを，最低 60 日間保有する．そして著作権者から合法的なプロセスによる開示請求があった場合には，それらの情報の開示を行う．
- 著作権侵害を繰り返すユーザーに対しては，事前に策定されたポリシーに基づき，アップロードの停止等の措置を行う努力をする．

UGC 原則は，(1)責任制限を受けるためにいかなる水準のブロッキング技術を採用する必要があるかを定めていない DMCA の規定を補完していること，(2)UGC プロバイダにおけるより効果的な著作権侵害対応を可能とすることに加えて，(3)過剰なブロッキングの抑止やフェアユースに対する配慮を含んだ形で，より洗練されたブロッキング技術の開発・導入のインセンティブを関係者に与えるという利点を持つ（Anonymous［2008: 1400］）．このようなプロバイダと著作権者の自主的な協定によって，NTD プロセスの詳細およびコンテンツが誤って削除された場合の回復プロセスを規定することは，権利侵害への対応と利用者の保護をバランスするための 1 つの手段として考えられよう．

　ブロッキング技術のような流動的な技術の詳細な要件を明文により定めることの困難さは，制定法においても自主的な協定においても同様であり，UGC 原則においてもブロッキング技術の水準を明確に定めているとはいいがたい．同原則の意義は静的な意味での決定事項というよりも，むしろ利害対立の著しい UGC プロバイダと著作権者の間に協定という形の関係経路を作り出すことにより，ブロッキング技術の水準に関わる両者の継続的な交渉と，技術開発・実装の協力関係を促進するものとして見出されるべきであろう．しかし同原則が締結された後も Universal が Veoh.com に提起した著作権侵害訴訟が続いていること（連邦地裁で Veoh.com 側勝訴）[166]，EFF をはじめとする複数の消費者団体が，UGC 原則におけるフェアユースへの配慮が不十分であるとして独自に Fair Use Principles[167]を提案していることなどに鑑みるに，深刻な利害対立の調整における自主的な協定の限界には今後も注視する必要がある．

　欧米の比較を行った際に興味深いのは，なぜ米国においてはこのようなブロッキングに関わる協定が仮にも成立し，一方で EU においては現段階において成立していないのかということである．この点については，主要な UGC サイトの多くが米国に本拠地を置いていることに起因する文化的背景の違いや交渉費用の問題等，複数の要因を考慮しなければならないが，プロバイダ責任制

---

[166]　*UMG Recordings, Inc. v. Veoh Networks, Inc.,* No. CV 07-5744 AHM (AJWx), slip op. at 28-29 (C.D. Cal. Sep. 11, 2009).
[167]　ブロッキングの適用は，当該コンテンツが単一の商業的コンテンツを 90% 以上含んでいた場合に限られるべきであるとしている（EFF et.al.［2007］）．

限法制と自主規制の重層性という観点からは，ブロッキング技術の導入を求めた条項の存否という点に焦点が当たる．該当する条項が明文として存在しないEUにおいては，UGCサイトの側としてはできる限りその実装の不必要性を主張することが合理的な行動でありえるが，抽象的とはいえ明文の規定が存在する米国においては，UGCサイトの側としても著作権者の側としても，できる限り低いコストでその具体的な意味内容を明確化したいという共通のインセンティブを持つことになる．DMCA512条(i)(1)は，利害の相反するプレイヤー同士が交渉を行い，自主規制を促すための機能を持つと理解すべき側面を有すると考えられるのである[168]．

6.5 ISPレベルでの対応

6.5.1 ECDの解釈

ブロッキング技術の導入を求められる媒介者は，上記で主に論じてきたUGCプロバイダなどのホスティング・プロバイダにとどまらない．利用者にインターネット接続サービスを提供するISPに対しても，特定のサイトへのアクセス遮断や，P2Pファイル交換等を遮断するブロッキング措置を採るよう求められる事例が現れつつある．

2004年，ベルギーの著作権者団体であるSABAM（Société d'Auteurs Belge - Belgische Auteurs Maatschappij）が，同国のISP企業であるTiscali（後にScarletと改称）に対し，P2Pファイル共有のトラフィックを遮断するよう求める訴訟を提起した．ブリュッセル地方裁判所は2007年6月，SABAMの求めに応じて，Tiscaliに対しAudible Magic社の提供するDPI型のブロッキング技術を導入するよう命令を出し，導入は6カ月以内に行う必要があり，1日の遅延ごとに2,500ユーロの賠償金をSABAMに支払うこととした[169]．ここで同裁判

---

168) この点，DMCAの同規定を藤田[2008: 228]のいう「私的秩序形成の出発点としてのハードロー」と表現することも可能であろう．ただしここでは交渉が決裂した際の威嚇点（threat point）が，藤田の想定するような私的整理交渉が失敗した場合の法的倒産手続ほどに明確ではなく，威嚇点として機能しているのは交渉が失敗した場合の法的環境の不確実性，そしてそれにともなう著作権侵害訴訟によって両者に生じうる訴訟費用等の紛争コストであるといえよう．
169) *SABAM v. S.A. Scarlet (formerly Tiscali)*, Tribunal de premiere instance de Bruxells, May

所は，ECD 前文 40 の「自主的な協定に任せられるべき」という文言は，裁判所が ISP に対してブロッキング技術の導入を求めることを妨げるものではないとの見解を示し，前文 45 の求める要件に照らし合わせ合法的な判断であるとした[170]．同事件はその後 Scarlet 側が控訴を行い，ブリュッセル高等裁判所から欧州司法裁判所へ，ISP に対して DPI 技術を用いたブロッキング技術の実装を求めることが，(1)ECD15 条の定める一般的監視義務の否定と矛盾しないこと，(2)データ保護指令および電子プライバシー指令をはじめとする EU のプライバシー保護法制に矛盾しないことを確認する照会（ECJ reference）が行われている（Lens and Fossoul［2010］)[171]．

さらに 2008 年にデンマークで出された判決[172]では，同国の ISP 企業である DMT2 に対して，著作権侵害を助長するウェブサイトである The Pirate Bay へのアクセスを遮断する命令が出された．The Pirate Bay は，世界中に多くのユーザーを持つ P2P ソフトである BitTorrent でのファイル共有を行うために必要な認証ファイル（トレントファイル）の提供を専門とするウェブサイトであり，これまでも多くの著作権侵害幇助の訴訟対象になってきた．同裁判所は，DMT2 が ECD における免責の対象となることを認めつつも，ECD が差止措置の命令を許容していることを理由としてアクセス遮断を命じたのである

18, 2007.
170) 同判決の英語訳として Hughes et.al.［2007］を参照．
171) 2011 年 4 月には ECJ の法務官（Advocate General）により，Scarlet を支持する意見が出されている．同意見では欧州基本権憲章（Charter of Fundamental Rights）との兼ね合いを重視し，(1) Scarlet に対する同命令は ISP に対しコストをともなう新たな義務を設けるものであり，インターネット上の著作権侵害に対応する法的・経済的責任を過度に ISP に負わせることとなる，(2) 欧州基本権憲章 8 条におけるプライバシーの権利に抵触し，そのような権利を制約することはベルギー国内における「明確，正確かつ予見性のある（clear, precise and predictable）」文言によって定められた法制度によってのみ可能であり，(3)今回の Scarlet に対するブロッキング技術の導入義務付けはあまりに漠然としており（in abstracto），インターネットユーザーにも過度の負担を強い，Scarlet が媒介するすべての通信をフィルターするなど過大な措置であること，などの理由により，一審の判断内容に対して全面的に批判的な判断を行っている．同意見は ECJ の判決そのものを拘束するわけではなく，裁判官による正式な判断は後日改めて出される形となるが，今後の各国における立法作業は裁判所の判断に対しても一定の影響を与えるものと考えられる．Court of Justice of the European Union PRESS RELEASE No 37/11 Luxembourg, 14 April 2011. http://curia.europa.eu/jcms/upload/docs/application/pdf/2011-04/cp110037en.pdf
172) *IFPI Denmark v. DMT2 A/S*, Bailiff's Court of Frederiksberg, February 5, 2008.同判決の英語訳として Spang-Hanssen［2008］を参照．

(Jacobsen [2008]).

6.5.2 自主的な協定と政府の関与

ECD の規定上，ISP に対してブロッキング技術の導入を求めることが法的に可能であるかが必ずしも定かではないことを背景に，前述した UGC サイトの場合と同様，ISP と著作権者団体との間では著作権侵害を防ぐことを目的とした自主的な協定の締結が行われ始めている．英国では 2008 年，Ofcom と BERR（Department for Business, Enterprise & Regulatory Reform，現在は省庁再編により Department for Business, Innovation and Skills）の仲介により，著作権団体と主要 ISP 企業 6 社による MoU（Memorandom of Understanding）が締結された．ここでは，各 ISP は P2P による著作権侵害を行うユーザーに対して警告書を送付すると同時に，合法的なコンテンツ販売を支援する内容が含まれている（Edwards [2009: 81]）．さらにアイルランドでは 2009 年 2 月，ISP 企業の Eircom と IRMA（Irish Recorded Music Association）の間で，著作権侵害を繰り返したユーザーに対するインターネット接続の遮断措置（いわゆるスリーストライク条項）を導入する MoU が締結される．ここでは，P2P による著作権侵害を検知するサービスを行う DtecNet 社によって収集された IP アドレスが Eircom に送付され，3 回の警告を受けたユーザーは最大 1 年間のインターネット接続遮断を課せられることが定められている[173][174]．

こうした中，英国では 2010 年 4 月に ISP レベルでの著作権侵害対策を含む Digital Economy Act（以下，DEA）が成立し，P2P での著作権侵害に対抗する業界団体での自主規制に Ofcom が包括的な関与を行うことが定められた．DEA では ISP に対して著作権侵害を減少させる義務を負わせることとし，3

---

[173] 同 MoU にはプライバシー保護の観点から IP アドレスの扱いを巡る異議申立が出されていたが，2010 年 4 月，ダブリン高等裁判所において同協定が合法であるという判断がなされた．Cyberspace isn't a place - Irish Judge（The Register, 2010/4/19）. http://www.theregister.co.uk/2010/04/19/charleton_eircom_emi/

[174] 米国でも長らく RIAA や MPAA などの著作権者団体を中心として同様の MoU を締結しようという動きが進められており，2011 年 6 月には大手 ISP 各社との間で，著作権侵害を繰り返したユーザーに対する警告送付等の対応を進めていく合意が行われたとの報道がなされている．Top ISPs agree to become copyright cops（CNET News, 2011/7/7）. http://news.cnet.com/8301-31001_3-20077492-261/top-isps-agree-to-become-copyright-cops/

条において，(1)権利者は書面で ISP に対して著作権侵害の事実を通知，(2)1 カ月以内に ISP は当該利用者に同内容を照会，(3)改善がない場合は「技術的な方法 (technical measures)」により当該利用者のインターネット接続に制限を加える，という形での段階的対応システム (Graduated Response System) の導入を定めた．ISP による対応を，スリーストライク条項を法制化したフランスの Hadopi (Loi favorisant la diffusion et la protection de la création sur Internet)[175]のような「遮断」としなかったことは一定の柔軟化といえるが，「技術的な方法」には，帯域制限や提供サービスの部分的停止，アカウントの一時的停止，その他の方法によるサービス制限などを含むとされている (9 条(3))．

DEA の詳細な手続の策定を委ねられた Ofcom は，法案通過直後に P2P による著作権侵害に対応するための Terms of Reference (Ofcom [2010b]) を公開し，Ofcom と ISP の共同規制手法により同法を具体化することを示した．そこでは著作権侵害に対する ISP の技術的対応の詳細は産業界の自主的な行動規定によることが望ましいとしたうえで，自主的な行動規定は，(1)Ofcom による承認を得ること，(2)誤って技術的対応を受けた場合の利用者の反論手続を十分に確保すること，(3)その実施状況を政府に対して年に 4 回報告することなどが定められた．技術的状況の流動性等を背景に規制の詳細を産業界の自主的な対応に委ねつつも，Ofcom の一定の事前的関与とデュープロセスの保障を含めた事後的監視を担保することにより，利用者の権利に対する一定の配慮が行われているのである．DEA の具体的な運用はいまだ流動的であるが，自主規制の持つ柔軟性という利点を生かしつつ，その実効性や利用者保護等を確保するにあたり公的機関が一定の枠組設定を行うという共同規制概念の具体的適用は，ことさらインターネット接続の遮断という基本権侵害のおそれが強い領域において，注目に値する方法論であると考えられる．

---

175) Hadopi の経緯の詳細については，服部 [2010] 等を参照．同法におけるインターネット接続の遮断は当初行政機関である Hadopi の判断により行うことが可能であるとされたが，デュープロセスの欠如を理由とした同国憲法院による違憲判決，および 2009 年に改正された Framework Directive (2002/21/EC) 1 条(3)におけるいわゆる「新インターネットの自由条項」においてインターネット接続の人権性が規定されたこと等を受け，裁判所の判断を必要とするよう改められている．

6.6 我が国の状況との対比

6.6.1 制度枠組の概観

　我が国で 2002 年に施行されたプロバイダ責任制限法では，ECD のように単一の立法で違法情報全般に対応する形式を採りつつも，ECD よりも DMCA の規定に近い，プロバイダが採るべきプロセスについての具体的な規定を行っている．同法ではプロバイダとしての「特定電気通信役務提供者」は，問題となる情報の送信を防止することが技術的に可能であり，かつ他人の権利が侵害されていることを知っていたとき（あるいは知ることができると認めるに足りる相当の理由があるとき）に責任を負うとしている（3 条 1 項）．さらに利用者の発信した情報の送信防止措置を行った際に，当該情報が他人の権利を不当に侵害していると信じるに足りる相当の理由があったとき（3 条 2 項 1 号），または権利を侵害されたとする者からその侵害情報等とともに送信防止措置を講ずる申出を受け，当該情報の発信者がその照会を受けてから 7 日間を経過しても送信防止措置に同意しない旨の申出がなかった場合には（3 条 2 項 2 号），送信防止措置によって発信者に生じた損害につき損害賠償責任を負わないとしており，これにより NTD のプロセスが導き出される[176]．

　さらにプロバイダをはじめとする関係者がその規定に実際に対応するにあたっての行動基準を明確化するため，テレコムサービス協会等 ISP 業界団体が中心となって各種のガイドラインを策定している[177]．これらのガイドライン

---

[176] 加えて 4 条に発信者情報の開示請求に関わる規定が置かれる．さらに 3 条 1 項 1 号および 2 号の情報流通への認識に関わる規定がプロバイダの過大な監視義務を否定していると解されることにつき，加藤[2005: 79]等を参照．この点は，責任が生じる認識要件を「現実の認識（actual knowledge），DMCA512 条(c)(1)(A) および ECD14 条(1)」に限定しつつも，DMCA512 条(m)(1) および ECD15 条において改めて一般的監視義務の否定を行う欧米の規定とは若干異なる．

[177] プロバイダ責任制限法に直接関連するものとして「名誉毀損・プライバシー関係ガイドライン」「著作権関係ガイドライン」「商標権関係ガイドライン」「発信者情報開示関係ガイドライン」の 4 つ，その他一般的な対応指針として「インターネット上の違法な情報への対応に関するガイドライン」「インターネット上の自殺予告事案への対応に関するガイドライン」，さらに消費者との利用契約を結ぶ際の契約モデルとして「違法・有害情報への対応等に関する契約約款モデル条項」を策定している．さらに電気通信事業者協会や社団法人日本インターネットプロバイダー協会等と共同で「帯域制御の運用基準に関するガイドライン」を策定している．一覧として以下を参照．http://www.

は基本的には ISP 業界団体というプロバイダ責任制限法の影響を受ける事業者の一部によって策定されたものであるが，プロバイダ責任制限法における免責を受けるための事実上の共通ルールとして機能していると考えられる（森田 [2008]）．

6.6.2 過剰削除の問題

プロバイダ責任制限法における NTD プロセスは，具体的には，(1)プロバイダが被害者からの通知を受けた際，(2)情報発信者に照会を行い，(3)7 日間以内に反論等がなければ当該情報を削除，(4)権利侵害の不存在を主張するなどの場合には当事者同士の紛争に委ねるという手続を採用し，違法情報への対応を実効化すると同時に，情報を削除される利用者への確認を行うことで，双方の権利への配慮を図っている[178]．欧米の文献においても言及されるように，このような「notice-wait-and-takedown（DeBeer and Clemmer [2009: 387]）」とでもいうべき削除プロセスは，情報発信者による反論機会を直接規定しない ECD のみならず，DMCA の採る NTD プロセスと比しても利用者側の権利保護に慎重な手続となっており，我が国における過剰遮断の抑制に一定程度資していると考えられる[179]．

加えて我が国の著作権法においては，権利制限規定を 30 条以下に限定列挙する形式を採っていることから，米国のフェアユース規定に起因する過剰削除

---

ihaho.jp/info/guideline.htm

[178] ただし同法 3 条 2 項 1 号に示される通り，当該情報の権利侵害性が一定程度明らかであった場合にはこの限りではない．「著作権関係ガイドライン」においては，インターネット上では著作権侵害の被害が甚大となる等特に迅速な対応が必要になる場合があること等に鑑み，情報発信者への通知後 7 日間（3 条 2 項 2 号）を経ずとも削除することを可能とするための手続を具体化している．特に侵害通知の適正性をプロバイダ自身が判断することの困難さを解消するため，著作権等管理事業者をはじめとする一定の団体を「信頼性等確認団体」として認定し，そこから申出者の本人性や当該情報の著作権侵害性の確認を含む所定の情報が記載された書面を受け取った際には，速やかに必要な限度において送信防止措置を講ずることとしているのである．

[179] EU でも欧州委員会の支援によりプロバイダと消費者団体，著作権者団体等の協議により同内容の行動規定を EU レベルで策定しようとした経緯があったが，利害対立等により実現には至っていない（Ahlert et.al. [2004: 11]）．もっとも我が国のような慎重な削除プロセスが権利侵害の減少において負の側面を有していないかは，ガイドラインの実際の運用実態と合わせ，実証を含めた検討が別途必要であろう．

の問題も比較的生じにくい状況にあるといえよう．ただし現在我が国において
もいわゆる日本版フェアユース条項の導入作業が進められているところであり
（文化庁［2010］等），具体的にいかなる態様での条項が導入されるかにも依存す
るが，権利制限規定とプロバイダ責任制限法との関係性のあり方は，後述する
ブロッキング技術導入の論点と合わせ，今後整理を行う必要性が生じる可能性
がある．

6.6.3　UGC サイトでのブロッキング技術の導入

　事前のブロッキング技術の導入に関しては，我が国のプロバイダ責任制限法
においては DMCA512 条(i)(1)に該当する明文の規定が存在しないため，EU
の ECD の状況に近いものと考えられる．ただし近年の判決に見られるように，
明文の規定を持たない ECD においても実質的に DMCA512 条(i)(1)と同様の
要件を求めることが常態化してくれば，国際的なスタンダードという観点から
も，我が国においても同様の解釈，あるいは法改正が行われる可能性が考えら
れる．その場合いかなるサービスにおいて，いかなる水準でのブロッキング技
術の導入が求められるかを明確化させるため，我が国においても米国の UGC
原則のような民間の自主規制基準の策定を視野に入れる必要が生じよう．

6.6.4　ISP レベルでの対応

　ISP レベルでの著作権侵害対策については，我が国においても 2010 年 2 月，
ISP 業界団体と著作権者団体の協議によりガイドライン[180]が策定され，民間に
よる自主的な対応が進められることとなった．同ガイドラインの策定には ISP
企業および権利者団体が参加し，主に我が国で代表的な P2P ファイル共有ソ
フトである Winny を利用した著作権侵害につき，ISP と著作権者団体が協力し
て対応するための手続を定めている．具体的な手続としては，(1)権利者団体
が無許諾で公開されている著作物を入手し，その内容および発信者の IP アド
レスを含む関連情報を ISP に送付し対応要請を行い，(2)ISP 側としては権利

---

[180]　ファイル共有ソフトを悪用した著作権侵害対策協議会「ファイル共有ソフトを悪用した著作権
　　侵害への対応に関するガイドライン」(2010 年 1 月) を参照．http://www.ccif-j.jp/shared/pdf/
　　guideline10Jan.pdf

者団体からの要請に基づき，当該行為を行った利用者に対してメールでの通知（警告）を行う形式を採っている．

これは英国における BERR の仲介による MoU の締結と同様の対応といえるが，英国においてもその後間もなく DEA による段階的対応システムの導入が行われたことや，フランスの Hadopi をはじめとする各国の立法状況等に鑑みるに，今後我が国においてもインターネット接続の遮断を含めた技術的対応の導入が政策論議の対象となる可能性は高いものと考えられる[181]．具体的な対応のあり方としては，国際的な比較の観点から，(1)アイルランドの Eircom と IRMA の間で結ばれた MoU のように民間の自主的協定を促す，(2)英国の DEA のように政府機関主導の共同規制による対応を行う，あるいは (3)フランス Hadopi のような公的関与のきわめて強い立法による方法論を採る，という複数の選択肢が存在する．我が国における著作権侵害の状況や国際的な状況を注視しつつ，著作権者の利益と利用者の権利保護の衡量に基づく制度設計が必要となろう．

6.7 実効的コントロールと弊害の抑止

6.7.1 自主規制に対する実効的なコントロール

冒頭で述べたように，公的機関による自主規制のコントロールには，(1)代理人としてのプロバイダに違法コンテンツを自主的に削除させること，(2)そのような自主規制によって生じうる弊害を抑止・解決するという，2 つの視点が求められる．ここではその区分を前提としつつ，自主規制に対する公的関与のあり方について一定の考察を行いたい．

第一に前者の点については，これまで確認してきた通り，プロバイダによって行われる自主規制の多くは，純粋に自主的なルール形成に基づくルール形成と異なり，あくまでもプロバイダ責任制限法制の存在を前提に，利用者の行う権利侵害への責任を回避するためになかば不可避的に行われる私的主体の行動であった．一定の公的関与を前提とした自主規制を「公的権力の影の下での自

[181) 知的財産戦略本部［2010: 32-37］においても，今後の検討課題として指摘されている．

主規制（Newman and Bach [2004]）」ということがあるが，本章で焦点としたプロバイダ責任制限に関わる自主規制は，より端的に「サンクションの影（可能性）の下での自主規制」とでも称することが適切であろう．

　著作権法の性質上，そのサンクションはあくまで一義的には権利侵害を受けた私的主体によって提起されるものである．しかしそのサンクションの影の具体的なありようは，プロバイダ責任制限法制がプロバイダの責任をどの程度まで具体的に制限するのか，あるいは責任制限の要件として何を求めるのか，逆にいえばどの程度不確実性を残すのかという制度設計の如何によって，立法者の間接的なコントロールを受ける．そのような不確実性をプロバイダ責任制限法制の中に残さざるをえなかった理由としては，プロバイダによる違法行為への対応は自主規制によって行われることが望ましいという規範的判断があったと考えることもできよう．しかしここではそれよりも，発展の著しい情報技術に関わるルールの策定において，いまだ明確な法的ルールを決定すること自体が困難であり，また適切でもなく，緩やかな自主規制の積み重ねの中からルールを見出した後に，法的ルールの決定を行うことが望ましいという実際的な判断要素がより強い影響を与えていたと考えることが妥当であろう．

　さらにいえば，プロバイダの自主規制は，先進国のマスメディア規制等に多く見られるような，内容規制に関わる業界団体の自主規制とも一定の区別を行う必要がある．たしかにマスメディアの自主規制も，表現内容に対する政府の直接介入への忌避を背景としたある種のサンクション（たとえば放送であれば行政指導や免許の取消可能性等）の影の下での自主規制ということはできるが，たとえば我が国の放送法における番組調和原則等のようにその自主規制の大枠が法制度によって定められている場合も含め，一般的な社会的観念の中から自主規制内容を導き出すことは比較的容易である．一方でプロバイダの責任に関しては，NTDプロセスや事前の技術的対策の詳細などは従前の社会的観念からは判断しがたい．こうした性質は，プロバイダの行う自主規制ルールの策定に一定の困難をもたらすのみならず，基盤となる法文の微妙な調整により，結果としての自主規制ルールの内容を大きく異なったものとする可能性がある．UGCプロバイダにおけるブロッキング技術の導入について，米国とEUにおいて自主規制の帰趨が異なっている事実は，その1つの例証と見ることができ

るだろう．

　さらに，制定法としてのプロバイダ責任制限法制と自主規制の関係性は，産業分野の性質や社会的・経済的諸条件によっても左右されることから，著作権侵害への実効的かつ効率的な対応という政策目的を達成するにあたり，特定の条文構造から必然的に特定の自主規制が生み出されると予見することは不可能だと考えるべきである．特に情報政策分野のように制度を取り巻く環境の変化が激しい領域においては，実効的な自主規制のコントロールのためには，公的機関と自主規制を行う主体の間での継続的な交渉が必要となると考えられる．我が国のプロバイダ責任制限法に関わる業界団体のガイドラインについても，純粋に民間で策定された自主規制というよりは，実質的には審議会等の立法過程における関係者間での交渉を含め，公的機関と業界団体や個別企業の間での公式・非公式の交渉により形成されてきたと考えることが妥当であろう．

　一方で，そのようなコントロールの正統性という側面にも留意しなければならない．近年の自主規制の拡大についてしばしば指摘されるように，政策手段としての自主規制の拡大は，公的機関が自ら規制を行う場合には課せられる公法的制約，あるいは民主的合意の調達というプロセスを回避するために行われる，いわば「自主規制への逃避（原田［2007: 19］，長谷部［2008］他）」ともいうべき事態をもたらす可能性がある．そのような危惧を考慮した際に，Ofcom が ISPA UK の行動規定や DEA の段階的対応システムに付随する行動規定に対して公式の承認を行うプロセスを採っていることは，少なからず産業界の「自主性」という側面を損なうことにはなろうが，自主規制に対するコントロールの実効性に加え，その透明性，ひいては正統性の確保という観点からも積極的に評価すべき側面を有する．Marsden［2010: 211］等が指摘するように，多様な形態を採りうる公私の共同規制関係においても，その交渉プロセスの公開性を含めた透明性（transparency）の原則が共通前提とされるべきであると考えられる[182]．

---

[182]　透明性を念頭に置いた包括的な指摘として，RAND Corporation［2008: 60］等も参照．

6.7.2 コントロールにおける利用者の保護

　第二に，後者の自主規制による弊害を抑止・解決するという点についてである．プロバイダ責任制限法制に関わる自主規制の策定においては，権利侵害を受ける著作権者と，コンテンツの媒介によって収益を上げるプロバイダそのものという利害対立が鮮明に存在していることから，両者の間での利害対立の調整が主要な焦点となることが多い．特に現在各国で課題となっているブロッキング技術の導入は，権利侵害のより確実かつ効率的な抑止を可能とし，著作権侵害を減少させるのみならず，プロバイダの側としてもNTDに対する逐一の対応を行わずとも不慮の賠償金の支払いやサービスの停止等の事態を避けるという意味で，両者の合意点として比較的見出しやすい対応であるといえよう．

　問題は，その利害調整の過程において必ずしも反映されえない「利用者」の利益である．田村［2009: 19］は著作権の政策形成過程における利害アクターを，より強い著作権保護を求める著作権者側と，より自由な利用を求める利用者に二分し，集合的な利害主張を行いがたい後者の利益が軽視される傾向があることを問題視する．しかしプロバイダ責任制限法制を補完する自主規制の策定においては，「より強い著作権保護を求める権利者」および「著作権侵害による訴追を避けたいプロバイダ」，そして「過剰な削除やブロッキング，インターネット接続の制限等によって不利益を受けうる利用者」という3者の利害アクターが存在すると考えることが妥当であり，そして相対的に軽視される可能性が高いのはやはり利用者の利益であるといえよう．このような非対称な構造の中で，不完全なNTDのプロセスに起因する過度な情報削除や過剰なブロッキングにともなう表現の自由の制限，インターネット接続の遮断等によって制限される利用者の権利はいかにして守られ，また誤った制限が行われた場合の事後的な回復措置は担保されるべきであろうか．

　米国の著作権者団体と大手UGCプロバイダの間で結ばれたUGC原則は，私的な協定の中において，誤った削除に対する苦情受付窓口の創設をはじめとする利用者の権利保護・回復手段を含んでいる点で着目に値する．自主規制はサンクションを避けるために行われる一方で，事業主体としてのプロバイダにとっては利用者にアピールするためのビジネス的判断としての側面も併せ持つ．法による強制がなくとも商業的な競争圧力，いわばプロバイダ間の制度間競争

によって[183]，自律的に利用者の側にも配慮のなされた自主規制が行われることも期待はできる[184]．また米国の消費者団体による Virgin Media へのフェアユース訴訟や UGC 原則に対抗する Fair Use Principles の提案に見られるように，消費者の利益を集合的に代弁する主体によってバランスされることも考えられる．さらに，必ずしも自主規制やその基盤となるプロバイダ責任制限法制に権利回復を予定する条項が置かれていなかったとしても，田村［2009: 21-23］が政策形成過程において特定利益のバイアスを受けにくい司法による調整を期待することと符合して，一般不法行為等に基づく司法による事後的救済や損害賠償が考えられる場面も存在しよう．

　しかし，このような私人による自律的な権利保障のあり方に過度な期待をするべきではない．プロバイダの側にそのような自主規制の調整を行うインセンティブが存在しない場合もありうるし，米国のように情報政策分野における消費者団体の活動が活発な国は必ずしも多くない．また一般不法行為等による事後的救済についても，プロバイダのサービス利用規約によって広範な免責規定が置かれていることが多い（Mayer-Schönberger [2009: 1250-] 等）[185]．Ofcom の DEA への対応プロセスに見られるような，自主規制のあり方に対する一定の枠組設定やデュープロセスの保障といった公的関与は，透明性や正統性の確保

---

183) このような利用者の能動的な選択に基づく競争圧力を機能させるにおいても，前提となる情報を利用者が得るためには前項で指摘した透明性の原則が不可欠になると考えられる．

184) DEA についても，ISP 事業者からは利用者保護重視の観点からたびたび反対の声明が出されてきた経緯があるが，特に法案通過後には英国の大手 ISP である BT と TalkTalk の 2 社が，同法の求めるインターネット接続に対する技術的制限が一般的監視義務の否定を含む ECD の各規定および E-privacy Directive が規定する通信の秘密に反するとして異議申立を行っていることは注目に値する．ただし同申立は 2011 年 4 月に英国の高等裁判所で棄却されており，両社は今後 ECJ への申立を行うものと見られる．UK Digital Economy Act complies with EU law, judge rules (OUT-LAW News, 2011/4/21). http://www.out-law.com//default.aspx?page=11885&utm_source=feedburner&utm_medium=feed&utm_campaign=Feed%3A + out-law-NewsRoundUP + %28OUT-LAW + News-RoundUP%29&utm_content=Google + Reader

185) さらに前述の「違法・有害情報への対応等に関する契約約款モデル条項」においても，「契約者による本サービスの利用が第 1 条（禁止事項）の各号に該当する場合，当該利用に関し他者から当社に対しクレーム，請求等が為され，かつ当社が必要と認めた場合，またはその他の理由で本サービスの運営上不適当と当社が判断した場合には，当該契約者に対し，次の措置のいずれかまたはこれらを組み合わせて講ずること（第 3 条）」があるとし，「事前に通知することなく契約者か発信または表示する情報の全部もしくは一部を削除し，または他者が閲覧できない状態（第 3 条 (2)）」に置くという免責条項を提示している点も参照．

に加え，利用者の保護という観点からも積極的に評価できるのである．

　この点，我が国の公法学分野においては，ドイツの公的任務論等を参考に，公的関与の強い自主規制を行う民間の主体に対しても一定の公法的規律を及ぼす制度設計を行うべきであるという，原田［2007: 267-］の公共部門法論の提案は示唆に富む．しかし原田の議論においても，公法的規律を受ける主体として念頭に置かれるのは集合性の高い業界団体等であるため，部分的には業界団体による自主規制が行われつつも，その大部分はむしろ個別の事業者の微妙なインセンティブ構造の中で行われていることが多いプロバイダ責任制限法制の場合においては限界があるものと考えられる．さらにプロバイダを利用した情報発信者に対する免責を規定するサービス利用規約への対応として，契約約款への規律付けという手法も考えられよう．この観点からは，政策手段としての自主規制が公的活動の私的主体，特に業界団体等に対する一種の委託である点を強調するのであれば，米国の公化（publicisation）論やコモンロー上の common callings 法理等を手がかりに，公益性の高いサービスを提供する主体と利用者の間で結ばれる契約内容そのものに対して，一定の公益的観点からの制約が課せられることを理解しようとする内田［2010］の「制度的契約論」の構想が視野に入ることとなる[186]．

　一方で，このような公法的制約を私的主体に準用しようとするタイプのアプローチは，その規制行為が業界団体等にほぼ明示的に委託されている場合，あるいはプロバイダの果たす役割がきわめて公益性が高く，その振る舞いによって失われる権利が重大であると認められる場合等に限定されるべきであろう．インターネット上に広く分散して存在するプロバイダに対して広くそのような制約を課すことは，インターネットの柔軟な発展という観点からも，そしてプロバイダの果たす役割自体が表現の自由のインフラとして機能しているという観点からも疑義が残されるところである．Ofcom が DEA におけるインターネット接続の制限については共同規制による対応を採り，フランスでも Hadopi におけるインターネット接続の遮断については事前的な司法判断を含む公

---

186) このほかにも，純粋な私人間の契約内容に対する公的介入のあり方は伝統的な公私二分論や契約自由の原則との関係から我が国においても長い議論の対象となっており，たとえば基本権保護の観点から消費者契約法における契約規制を論じたものとして山本［2010］を参照．

的関与の強い対応を採る一方，いずれの国々においてもプロバイダ責任制限法制に関わる NTD やブロッキング技術の導入については公的関与の少ない民間の自主規制（あるいは事後的な司法判断）に委ねていることは，このような観点を少なからず反映しているものと見ることもできよう．

6.7.3 重層的構造の理解

部分的に自主規制に依らざるをえず，しかしその自主規制の適正性をいかに担保するべきかという困難な問題に対して，唯一の包括的な対応策は存在しない．おそらくは，(1)プロバイダ責任制限法制の設計における救済手続の一定の事前的明確化，(2)ISP 業界団体等の策定する自主規制ルールの適正性の確保（およびそれを通じたプロバイダ全体の規範への波及），(3)一般不法行為等を通じた司法による事後的救済，(4)その前提となるサービス利用規約への一定の規律付け，(5)それらの現実の運用を注視したうえでのプロバイダ責任制限法制の適時の見直しといった，複数の手段の組み合わせによって対応されるべきであると考えられる．そしてそうした公私のコントロール関係の全体において，透明性の原則が強く考慮されるべきであろう．このような複雑な組み合わせとしての制度設計は，制定法としてのプロバイダ責任制限法制，その不確実性を埋め合わせる形で形成される自主規制，そしてそれによって生じうる問題を抑止・解決するための公的機関による枠組設定や監視という，公的主体と私的主体の重層的構造としてのプロバイダ責任制限法制の理解によってのみ可能となるのである．

6.8 小括

本章では問題となる事象や具体的対応の事例の多さから著作権侵害の課題を中心に取り上げたが，それ以外の分野，たとえば青少年保護における有害情報対策，児童ポルノ対策[187]，サイバーセキュリティ（マルウェア感染 PC のネット

---

[187] たとえば我が国においては児童ポルノサイトへのアクセス遮断につき，安心ネットづくり促進協議会［2010］において，通信の秘密の侵害等との兼ね合いを考慮しつつも緊急避難説の採用を肯定する見解が示されている．

ワーク遮断等），ログデータの長期保持を通じたテロ行為を含む犯罪捜査への協力[188]などにおいても，プロバイダをはじめとした媒介者全般に対する自主規制への要請は日増しに高まりつつある．そしてコントロール・ポイントとしての媒介者自身も，いわゆるクラウド化の進展や，人々のさまざまな行動履歴（ライフログ）を収集する主体の増加をはじめとして，質・量ともに急速な拡大を見せている．これらの媒介者は，プロバイダ責任制限法制をはじめとする法制度の設計や公的関与のあり方によってはまったく新しい，より効率的な規制の代理人としての役割を果たしうる．その分野の特性や失われる権利の性質により具体的な対応のあり方は異なろうが，本章で提示したプロバイダ責任制限法制と自主規制の重層性に関わる視点の多くは，いずれにおいても共通して求められるものと考えられる．

---

188) たとえば EU では Data Retention Directive（2006/24/EC）において，インターネット上のプロバイダや ISP に対するログデータの保持義務が課せられ，蓄積されたデータは各国法令により公的機関による提出命令の対象となる．

第7章 SNS上での青少年保護とプライバシー問題

　本章では，団体を介しない共同規制のもう1つの類型として，個別 SNS 事業者と公的機関の間で結ばれる公私協定という手法を取り上げる．SNS には青少年保護やプライバシー問題といった多くの制度的課題が存在するが，第4章，第5章で論じた通りそれらの課題については政府による直接規制が困難である場合が多い．それに加えて，各事業者のサービス内容の独自性が高く，業界団体レベルでの自主規制原則を策定することすら困難であるという事情が存在する．しかし一方で，上述のような問題が頻繁に生じるほどに多くの利用者を抱える SNS 事業者の数は限られていることから，個別事業者と政府機関の間で一定の基準を共同で定め，その実施状況を監視するという独特の共同規制手法を採ることが可能となっている．

7.1 SNSの普及と制度的課題

7.1.1 SNSの拡大と変容

　いわゆる Web2.0 サービスの中でも，最も多くの利用者を引き付け，社会的な影響力を拡大しているのが，Facebook や MySpace に代表される SNS（Social Networking Service）である．一口に SNS といっても，近年ではウェブサービスの多くが何らかの形で社会的なつながり（ソーシャルグラフ）を活用したサービスを提供しているため一義的な定義は困難であるが，ここでは便宜上，広く参照される boyd and Ellison [2007] の定義を用いることとする．すなわち，(1) 個々のユーザーが一定程度閉じられたシステムの中に公開・準公開的なプロフィールを作成し，(2) コネクションを共有している他のユーザーのリスト

を生成し，(3) 自身や他人がシステム内で作成したコネクション・リストを見たり辿ったりすることを可能とするサービスを指す．

　少なくとも普及当初，SNS は電子掲示板などの従来のインターネット・コミュニティサービスと比して，名誉毀損や著作権侵害などの違法行為，あるいは利用者同士の争い（フレーム）などのトラブルが生じにくい傾向があるとされてきた．その要因としては，SNS が全般的に利用者の実名志向が強いサービスであるというアーキテクチャの性質，実際の知り合い同士によるコミュニケーションを行う傾向が強いことに起因する規範的側面などが考えられよう．

　しかし 2000 年代半ばごろから，SNS に関する法的問題，特に青少年の保護に関する問題への対応のあり方が取り沙汰され始める．主な背景としては，急速な利用者数の拡大にともない，実名志向をはじめとする当初の規範・慣習が少しずつ薄れ始めてきたこと（Grimmelmann [2009: 1180]），そして何よりも十分な判断能力を持たず，またさまざまな犯罪の対象となりやすい青少年の利用者の増大などを挙げることができるだろう．特にモバイル機器を通じたインターネット利用の拡大により，教師や親権者の目の届かないところで SNS を利用する傾向が強まっていることも，SNS に対する一定の規律付けを求める議論に拍車をかけている．

7.1.2　SNS の法的問題の種類

　SNS において生じうる法的問題としては，主に以下の 3 点を挙げることができる．

(1) 著作権侵害，児童ポルノ，名誉毀損・脅迫といった違法な振る舞いやコンテンツ
(2) プライバシーの侵害
(3) 青少年にとっての有害情報や不適切なコミュニケーションの取り扱い

　このうち (1) については，それぞれ我が国の法制度でいうところの著作権法，児童ポルノ禁止法，民法・刑法上の各種規定によってその違法性（不適切性）が一定程度明確に判断可能であり，サービスプロバイダとしての SNS 事業者が

プロバイダ責任制限法制で定められたプロセスに従って対応することとなる．また電子掲示板などのサービスにおいても従来から同様の問題は生じていることから，第6章で論じた通り，その対応についての一定のコンセンサスは形成されつつある．近年各国においてSNS特有の課題として認識されているのは，(2)のプライバシー，および (3) の青少年に関する論点である．

7.1.3　プライバシー

　SNSにおいては，ユーザーは本名やニックネームの登録を行い，自らに関するさまざまな情報を掲載していく．それらの情報の中には，生年月日や社会的属性・所属，趣味嗜好，日記やスケジュールなどの個人情報，さらにコネクションから読み取ることのできる人的なつながり，付随するホスティングサービスなどにアップロードされる写真や動画等のきわめて幅広い情報が含まれる．これらの情報はサービス普及当初は当該SNSを利用しているユーザーであれば誰でも確認可能であることが多かったが，近年では「非公開」「友人まで」「友人の友人まで」「全体に公開」といった段階的な区分を設け，ユーザー自身が公開対象を決定できる仕組みを採用することが一般化している．取得された個人情報の取り扱いについては，第5章で論じた各国の個人情報保護関連法制，そしてそれに基づき各SNS事業者自身が定めるプライバシー・ポリシーによって，SNS事業者や第三者による利用範囲や用途が限定される．

　問題はユーザー自身の認知限界の存在である．たしかに近年のSNSではユーザーがいかなる個人情報をいかなる対象に公開するかを詳細に設定でき，またアップロードされた個人情報のSNS事業者による取り扱いも基本的にプライバシー・ポリシーに書かれた内容に従う．しかし，それぞれのユーザーがそうした複雑化したプライバシー設定やプライバシー・ポリシーの内容を把握することは現実的ではなく，意図しない形で個人情報の公開や漏洩が生じてしまうおそれがある[189]．さらに，多くのSNSが行動ターゲティング広告やサー

---

[189]　2007年に米国で行われた調査によれば，Facebookを利用する大学生のうち80％はプライバシー・ポリシーを読んだことがなく，プライバシー・ポリシーにおいて個人情報の第三者提供が定められていることを知っていたユーザーも40％にすぎなかったという（Govani and Pashley [2007: 7]）．

ドパーティのアプリケーションに対してユーザーの個人情報を提供する，つまりある種の個人情報の販売を重要な収益の柱にしていることも，SNS 上のプライバシー問題に対する憂慮に拍車をかけているという指摘もある（Debatin et.al. [2009]）.

特に近年世界中で大きな議論を引き起こしているのが，世界最大のユーザー数を擁する Facebook のプライバシー・ポリシーの問題である．Facebook では当初ユーザーのプロフィールページへのアクセスを，友人のほかに同じ学校や職場等に所属するユーザー間に限定していたが，2007 年には Facebook 上での活動に基づき広告を配信する「Beacon」プログラムをオプトアウトで実装[190]，2009 年にはデフォルトの設定をオープンにし，グーグル等の検索エンジンの検索結果にも表示されるよう変更を行ってきた．さらに 2010 年には，Facebook に蓄積された個人情報やソーシャルグラフに対して API 経由で外部のウェブサイトやアプリケーションが利用できるようにする「オープングラフ」機能を実装するなど[191]，Facebook ユーザーの個人情報はその公開範囲を大幅に拡大しつつある．

7.1.4　青少年保護

青少年保護に関わる SNS の問題は，大きく以下の 3 つに分けられる．まず，性的表現や暴力表現といったいわゆる有害情報を，青少年からいかにして遮断するかという問題である．2 つ目は，主に児童に対する性的嗜好を持った大人からの不適切な接触である．我が国においても出会い系サイトなどを通じた未成年の売買春は長く問題視されており，2003 年にはいわゆる出会い系サイト規制法（インターネット異性紹介事業を利用して児童を誘引する行為の規制等に関する法律）が制定され，2009 年にも改正が行われているが，近年では出会い系の利用を前提としない SNS 上でのメッセージやコミュニティ機能を利用した事件が急速に増加している[192]．3 つ目は，他のユーザーからのいじめや嫌がらせ

---

[190] Beacon プログラムに対しては米国で 2 度の集団訴訟が提起されている．同プログラムの詳細とプライバシーをめぐる論点につき，McGeveran [2009: 1118-] を参照．
[191] 2005 年のサービス開始時からの Facebook のプライバシー・ポリシーの変遷を辿ったものとして，EFF [2010] を参照．

(Cyber bullyng)の問題である．これは主に我が国ではいわゆる「学校裏サイト」の問題として論じられ，欧米でもSNS上での同年代からのいじめや嫌がらせが問題視されている[193][194]．

7.2　直接規制，自主規制，それぞれの困難

　このようなプライバシーや青少年保護の問題について，特にインターネット上では政府による直接規制という手法が採りにくいため，各国において業界団体を通じた自主規制を重視した対応が進められていることは，第Ⅰ部で個別に論じてきた通りである．しかしSNSに関しては，業界団体による自主規制を適用することすらも困難な理由がある．

　第一に，SNS市場はいまだきわめて流動的であり，技術進歩の速度も著しいため，自律的なルール形成やエンフォースメントを担いうるだけの固定的な業界団体が存在していない．さらに近年では，twitterのようなミニブログサービスのほか，Flickrをはじめとするストレージサービス，GmailのBuzz機能など，従来はSNSとはみなされなかったウェブサービスの多くが何らかの形でソーシャルグラフの機能を実装し始めていることもあり，市場の境界すらも明確ではない．これは同様に激しい市場状況の変化の中にありながらも，その業態を一定程度明確に定義可能であるため固定的な業界団体を設立・維持することが可能であった，第5章の行動ターゲティング広告等の分野と異なる点であ

---

192)　警察庁「平成21年上半期のいわゆる出会い系サイトに関係した事件の検挙状況について」中の，主にSNSでの事件を示す「出会い系サイト以外のサイトに関係した事件の検挙状況等」では，前年比39件増の98件となっていることが示されている．http://www.npa.go.jp/cyber/statics/h22/pdf02-1.pdf

193)　特に米国におけるSNS規制の議論のきっかけとなったのが，2006年にMySpace上での嫌がらせを原因として当時13歳の少女（Megan Meier）が自殺したとされる事件である．事件の詳細については以下を参照．The Friend Game: Behind the online hoax that led to a girl's suicide. (The New Yorker, January 21, 2008). http://www.newyorker.com/reporting/2008/01/21/080121fa_fact_collins　本件の加害者は16歳の少年になりすました成人女性であったが，ネット上での嫌がらせについては学校等のいじめがそのままSNS等に持ち込まれる，同年代からの嫌がらせが多いことが示されている（Hinduja and Patchin [2008: 148]）．

194)　青少年のインターネット利用の問題点に関わる広範な整理と検討につき，Casarosa [2011: 2-6] を参照．

る.

　第二に，サービス内容の個別性が高い点である．SNSが提供する機能は事業者ごとに大きく異なっており，さらにコミュニティの性質や利用者の属性も異なることから，当然そこで生じる法的問題やトラブルも，SNSというサービスで一律に定義することはできない．したがってもし何らかの形で業界団体を組織することができ，そこで共通の自主規制を策定することができたとしても，それは多様なサービスの間の最大公約数的な抽象的な内容にならざるをえず，問題の抑止・解決において十分な役割を果たせるかには疑問が残る．この点は第3章で取り扱ったVODやIPTVサービスのような，比較的サービス内容の均質性が高い分野と異なる点といえよう．

7.3　EUの対応

7.3.1　全体的枠組

　EUにおけるSNS上のプライバシー問題への対応については，2008年にInternational Working Group on Data Protection in TelecommunicationsがSNS事業者・ユーザー・各国の規制当局に向けたガイドライン（ローマ・メモランダム）[195]を公開する一方，2007年にはENISA（European Network and information Security Agency，欧州ネットワーク情報セキュリティ庁）がSNS上でのフィッシング詐欺や個人情報漏洩に関するリスクを分析したポジションペーパー（ENISA [2007]）を公開するなど，安全なSNS利用を支援するための検討作業が進められてきた．2009年には29条作業部会が，EU域内での個人情報保護の水準を定めたデータ保護指令と電子プライバシー指令についてSNSに適合した解釈を行うため，以下の2つの意見を提出している．

　　・青少年のプライバシーについての意見（Article 29 WP [2009a]）：Child
　　　Online Privacy Protection Act of 1998によってオンライン上の子供の

---

195)　Report and Guidance on Privacy in Social Network Services. http://www.datenschutz-berlin.de/attachments/461/WP_social_network_services.pdf

プライバシー保護に関する特別な取り扱いを定める米国と異なり，EUにおいては子供を対象とした特別な規制は存在していない．EUにおいては関連する2つの指令が子供のプライバシーを守るうえでも十分に機能することを確認し，未成年の利用においては親権者の意思に配慮し，各国においてはConvention on the Rights of the Childに定める「子供の利益の最大化」を前提とした対応が行われるべきである．

・ソーシャルネットワーキングについての意見（Article 29 WP [2009b]）：SNS事業者およびアプリケーションプロバイダは，データ保護指令で定めるデータ管理者（data controller）に課せられた各種の義務を遵守する必要があることを確認するとともに，特にSNSの運用においてはプライバシー問題に関するユーザーへの適切な警告を出し，プライバシー設定におけるデフォルト設定のあり方に留意すべきである．

7.3.2 欧州SNS原則

2008年，Safer Internet Programの後を継ぐSafer Internet "Plus" Programの一環として，SNSに関する青少年保護やプライバシー保護のための自主規制ガイドラインを策定するため，主要SNS事業者や研究者，児童福祉関連のNGOなどをメンバーとするEuropean Social Networking Task Forceが設立された[196]．

2009年2月には，タスクフォースを中心として策定されたSafer Social Networking Principle for the EU（以下，欧州SNS原則）が提示され，FacebookやMySpaceをはじめとする主要SNS事業者や，Flickr等のSNS類似サービスを運営するYahoo!やグーグルら20社によって署名された．同原則ではSNS上のリスクを「違法コンテンツ」「年齢に比して適切でないコンテンツ」「児童への性的嗜好を持つ大人等との接触」「いじめや嫌がらせ（victimisation），個人情報の開示等の行動」の4つのカテゴリーに分類し，Safer Internet Programにて推進されている各種の青少年保護の施策との連携，特にEU域内全体に27

---

[196] Safer social networking: the choice of self-regulation. http://ec.europa.eu/information_society/activities/social_networking/eu_action/selfreg/index_en.htm

の支部を持つ Safer Internet Center や，違法なコンテンツや振る舞いを報告するホットライン（INHOPE）の活用を進めていくことなどが示されている．

　欧州 SNS 原則に特徴的なのは，署名企業が求められる以下の段階的対応である．

7.3.2.1　7つの原則への同意

　まず，欧州 SNS 原則に従う事業者は，以下の7つの原則に同意する必要がある．

- 原則1　注意の喚起：利用者・両親・教師・保護者に対し，明確かつ利用者の年齢に適合した形で，安全を啓発するメッセージおよび利用規約を提示し，注意の喚起を行う．
- 原則2　年齢に適合したサービス：サービス内容を利用者の年齢に適合したものとするよう努力する．
- 原則3　ユーザーのエンパワー：ツールや技術を通じて利用者をエンパワーする．
- 原則4　違反を通知する簡便なメカニズム：利用規約に違反した行為・コンテンツを運営事業者に通知するための簡便なメカニズムを提供する．
- 原則5　通知への対応：違法な行為・コンテンツについての通知に対し，迅速かつ実効的な対応を行う体制を構築する．
- 原則6　プライバシーへの配慮：個人情報やプライバシーについての安全性を確保するための取り組みを行う．
- 原則7　サービスの監視体制：事業者自身が違法あるいは禁止された行為・コンテンツを監視するための手段・メカニズムについて定期的な評価を行う．

7.3.2.2　自主宣言（self-declarations）

　SNS 事業者は上記の原則に同意したうえで，それぞれのサービスにおける具体的な取り組みについて宣言を行う必要がある[197]．一例として，Facebook が行った自主的宣言[198]の内容は**図表 7.1** の通りである．

図表 7.1　Facebook の自主宣言

（欧州 SNS 原則に対する Facebook の自主宣言を元に作成）

原則1	・ウェブサイト全体を通じて，ユーザーが安全な利用を行うためのナビゲーションページにアクセスするためのリンクを提供している． ・情報の真正性や実名文化，サイト上の多くのコンテンツにユーザーの氏名およびプロフィール写真を掲載することの促進・強制を通じて，Facebook 上での振る舞いに対する責任観念を強化している． ・安全なインターネット利用についての教材を教師に提供する TechToday をはじめとした，EU の多様なステイクホルダーと協働する産業コンソーシアムに参加している．
原則2	・サインアップの際に生年月日の入力を求めているほか，13 歳以下の青少年の利用を差し止め，正確な情報の入力が行われるための各種の技術的措置を施している． ・具体的な技術的措置としては，クッキーを利用した再登録の防止（13 歳以下の青少年が生年月日を偽って再登録することを防ぐ）や，友人関係に基づいて生年月日の真正性を確かめるなどの方法が含まれ，実際に週に数千件のプロフィールがユーザーによって修正されたりサイト上から削除されるなどしている． ・ページやアプリケーションに対して特定の年齢層のユーザーがアクセスできないようにする手段や，青少年に対して表示される広告の制限などを行っている．
原則3	・プロフィールやコンテンツに対するユーザーの広範囲な管理能力を提供するとともに，検索結果への表示・非表示選択を含む，青少年にとっても利用しやすいデフォルト設定を提供している． ・プロフィール発見の基盤となるフレンド・ネットワークの設計については，誰がプロフィールにアクセスできるのかに関するユーザーの簡便な選択を可能としている．
原則4	・ヌードやポルノ，青少年に対する不適切な接触を報告するためのリンクをサイト全体にわたり提供している．
原則5	・違法なコンテンツや振る舞いに対応するため，NCMEC（National Center for Missing and Exploited Children）を含む法執行機関や関連機関と協力している． ・NCMEC の提供する児童ポルノの URL リストに基づくリアルタイムのブロッキング・報告システムを実装するとともに，サイト上での異常な振る舞いに対する摘発・対応を行うための多層的なシステムを提供している．
原則6	・情報共有がもたらすリスクに対する注意喚起と，サイト上で利用可能なプライバシー設定への理解を促進するため，ユーザーに対する定期的な啓蒙キャンペーンなどを行っている．進行中のプロジェクト情報については，www.facebook.com/security において定期的なアップデートを行っている．
原則7	・不適切なコンテンツや振る舞いを特定するための定期的なシステム監査を行うとともに，改善の方法について政府やその他のステイクホルダーとの協議を行っている．

197) 各社の宣言は以下で確認することができる．なお，ここで取り上げた Facebook の自主的宣言は比較的簡易なものであり，その他の SNS 事業者は総じてその倍以上の分量の記述を行い，現状と今後の取り組みについての詳細な説明を行っている．　http://ec.europa.eu/information_society/activities/social_networking/eu_action/selfreg/index_en.htm
198) http://ec.europa.eu/information_society/activities/social_networking/docs/self_decl/facebook.pdf

7.3.2.3　アプリケーションの取り扱い

近年のSNSにおいては，オープンAPI化されたソーシャルグラフを利用して，SNS利用者向けに第三者企業がアプリケーションを提供することが常態化しており，SNS事業者は自身が提供するサービス内容のみならず，第三者企業の提供するサービスにおける安全性の確保にも留意する必要がある．欧州SNS原則では，アプリケーションに対する規律のあり方を以下の3種類に分けて示している（ANNEX Ⅰ）．

①SNS事業者自身が提供する，あるいは直接的な管理責任を持つアプリケーション

SNSサービスにプリインストールされていたり，SNS事業者によってスポンサーされて提供されるSNSについては，以下の点を求めている．

・サイトポリシーに示される目的に適合する形で，青少年に対する潜在的リスクの評価を行うこと．
・ヘルプページや教育的素材等を通じて，青少年に対するアドバイスを行うこと．
・ユーザーからサイトポリシーに違反しているという報告があった場合は，適切に対応を行うこと．

②第三者によるアプリケーション

オープンAPIを利用して作成される第三者企業によるアプリケーションについては，十分な管理が及ばないことに鑑み，SNS事業者に対して以下の点を求めている．プラットフォーム上でアプリケーションを提供するサードパーティ企業に対して，サービスからの排除やリンクの遮断等を背景とした強い規制能力を持つ主体に対しこのような規律付けを行うことは，SNSに限らない多様なプラットフォーム上におけるプライバシー保護や青少年保護を効率的に実現するための主要な手段として位置付けることができるだろう[199]．

---

[199]　しかし一方で，この点については Zittrain [2006b] が指摘する通り，インターネット上で強い

・アプリケーションを提供する第三者企業に対し，欧州 SNS 原則の内容を含む消費者保護のあり方について注意喚起を行う合理的な努力をすること．
・青少年に対してアドバイスや教育的素材を提供するとともに，第三者によるアプリケーションが必ずしも SNS そのものと同等の保護機能を提供しているわけではないことを周知すること．
・青少年が利用可能なアプリケーションにおいてサイトポリシーが守られていないという報告を受けた場合は，第三者企業に適切な通知を行うとともに，場合によってはそのアプリケーションを削除する権利を留保すること．

③ SNS 事業者と無関係なアプリケーション

　SNS から利用されるアプリケーションの中には，SNS 事業者とまったく無関係な事業者が提供するサービスが含まれうる．その場合には，青少年に対する十分な注意喚起を行うとともに，必要な場合には当該アプリケーションへのリンクを削除することが求められる．

7.3.2.4　履行状況の調査

　欧州 SNS 原則とそれに基づく自主的宣言の履行状況を調査するため，EU の要請を受けてオスロ大学とリュブリャナ大学の研究者が包括的な状況調査を行い，2010 年 1 月には調査レポートが公開された[200]．調査は両大学の調査員による点検と，各 SNS 事業者による自主レポートの作成の両面から行われ，原則 3 （ユーザーのエンパワー）および原則 6 （プライバシーへの配慮）は比較的履行度合いが高かったものの，原則 2 （年齢に適合したサービス）および原則 4 （違反を通知する簡便なメカニズム）については部分的な履行にとどまるサービスが多

　影響力を有するプラットフォーム事業者がサードパーティ製アプリケーションへの管理を過度に強めることは，インターネットの持つ生成力（generativity）との矛盾，つまり新たなサービスやアプリケーションが自由に実装される基盤を弱める事態を生じうることにも留意する必要があるだろう．
200)　Implementation of the Safer Social Networking Principles for the EU. http://ec.europa.eu/information_society/activities/social_networking/eu_action/implementation_princip/index_en.htm

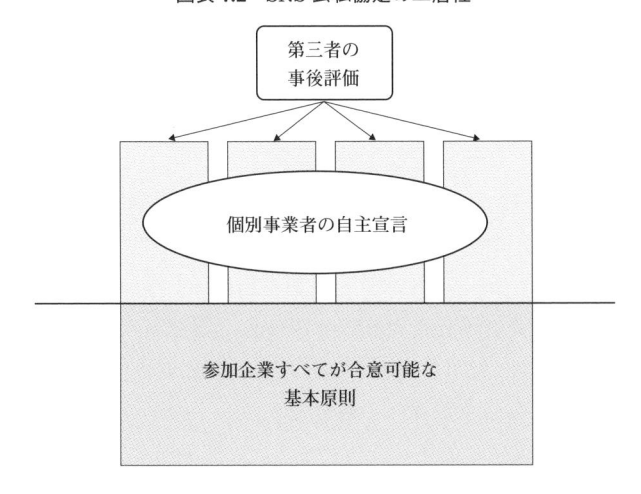

第7章 SNS上での青少年保護とプライバシー問題

図表 7.2　SNS 公私協定の二層性

```
            ┌──────────┐
            │  第三者の  │
            │  事後評価  │
            └──────────┘
        ╱    │    │    │    ╲
   ┌────────────────────────────┐
   │   ╭──────────────────╮     │
   │   │ 個別事業者の自主宣言 │    │
   │   ╰──────────────────╯     │
───┼────────────────────────────┼───
   │                            │
   │    参加企業すべてが合意可能な   │
   │         基本原則             │
   │                            │
   └────────────────────────────┘
```

かったとされている．以上のような SNS の青少年保護・プライバシー問題に関わる公私協定と，第三者の事後的評価によって構成される共同規制は，**図表 7.2** のように表現することができるだろう．

7.4　米国における共同宣言

7.4.1　SNS への対応の経緯

米国においても，SNS の課題に対する認識は早くから提起されてきた．2006年には，学校や図書館が構内のコンピュータで SNS を利用不可能とするための技術的措置を講じることを求める Deleting Online Predators Act of 2006[201] が提出され，さらに 2008 年には前述した 13 歳の少女の自殺を受け，インターネット上での誹謗中傷に厳罰を科そうとする Megan Meier Cyberbullying Prevention Act[202] が提出されたが，いずれも成立には至っていない．そのほかにも 2006 年には消費者保護全般を所管する FTC が子供が SNS を利用する際

---

201) http://thomas.loc.gov/cgi-bin/query/z?c109:h5319:
202) http://thomas.loc.gov/cgi-bin/query/z?c111:H.R.1966:

のガイドラインを公開[203]，2007年9月には親権者向けにSNS利用のガイドラインを公開[204]するなど，直接的な法規制こそ行われないものの，ユーザーへの情報提供や事業者の自主的な取り組みを促すための対応が進められてきた．

7.4.2 SNS事業者と各州司法長官の共同宣言

そのような政府の動きと並行して，米国においても欧州SNS原則と類似した公私協定の手法が進められつつある．2008年1月，MySpace（運営企業のNews Corporation）と米国各州の司法長官（Attorney General）で構成されるAttorneys General Multi-State Working Group on Social Network Sitesは，青少年による安全なSNS利用を促進するための原則を定めた共同宣言[205]を締結した．同宣言の概要は以下の通りである．

- オンラインセーフティツール：青少年が安全にSNSを利用するにあたり，年齢認証を含む各種のツールの果たす役割はきわめて大きく，かつそのツールはそれぞれのSNSの特徴に適合したものでなければならない．安全性の評価基準の策定と各種関連技術の開発促進のため，関連業界全体を含むISTTF（The Internet Safety Technical Task Force）を設立し，2008年末までに包括的な報告書を作成する．
- サービス設計や機能の向上：(1)14歳以下の青少年の利用を防ぎ，(2)不適切な接触から青少年を保護し，(3)不適切なコンテンツから青少年を保護し，(4)ユーザーに対して安全な利用のためのツールを提供できるよう，SNS全体の設計および機能の変更を行う．
- 親権者や教育者，青少年に対する教育やツールの提供：青少年自身および親権者・教育者に対する教育を進めるとともに，親権者が子供のSNS利用をモニタリングするための無料ツールの開発を行い，苦情受付の体

---

203) Social Networking Sites: Safety Tips for Tweens and Teens. http://www.ftc.gov/bcp/edu/pubs/consumer/tech/tec14.shtm
204) Social Networking Sites: A Parent's Guide. http://www.ftc.gov/bcp/edu/pubs/consumer/tech/tec13.shtm
205) Joint Statement on Key Principles of Social Networking Safety. http://ago.mo.gov/newsreleases/2008/pdf/MySpace-JointStatement0108.pdf

制を強化する．また，MySpace は自らの支出によって各州の司法長官に承認された独立の検査員（independent examiner）を 2 年間雇用し，苦情受付体制の検査や，MySpace の活動全般についての調査報告書の作成を行う．
・法の執行についての協力：MySpace 上で行われた犯罪行為について迅速かつ効果的な法執行が可能となるよう，各州の司法長官と My Space の協力関係を構築する．また，すでに MySpace は法執行協力に対応する 24 時間体制のホットラインを構築しており，これに加えて各州の司法長官との協力担当者を任命する．

　2008 年 5 月には同様の内容で Facebook が各州の司法長官と共同宣言を締結している[206]．

　共同宣言に基づき，2008 年 2 月にはハーバード大学 Berkman Center for Internet and Society に ISTTF[207]が設立され，インターネット上の青少年保護に関わる代表的な研究者である同教授ジョン・パルフレイを責任者として，SNS を含むネットサービスの安全な利用についての本格的な検討が始められた．メンバーには MySpace や Facebook などの SNS 事業者のほか，マイクロソフトやグーグル，Linden Lab などの IT 企業，AT&T や Verizon などの通信企業，Center for Democracy and Technology などの市民団体らが名を連ね，安全なインターネット利用についての先行研究レビューを行う Research Advisory Board（RAB），技術的手段の評価を行う Technology Advisory Board（TAB）が置かれた．2008 年 12 月には，278 頁にわたる報告書が公開される（ISTTF [2008]）．主な内容としては，RAB／TAB からの既存研究および技術的対策についてのレビューに加え，サービス運営者・政府当局・親権者および教育者それぞれへのレコメンデーションが含まれている．さらに同報告書に対しては，ISTTF のメンバー各企業・団体からの宣言が出され，それぞれの主体が今後安全な SNS 利用を促進していくための取り組み方針が示され

---

206) http://ago.mo.gov/newsreleases/2008/pdf/FacebookJointStatement.pdf APPENDIX: http://ago.mo.gov/newsreleases/2008/pdf/FacebookAgreementAppendixA.pdf
207) http://cyber.law.harvard.edu/research/isttf#

た208)209).

7.5 小括

　以上確認してきたように，SNS の持つ課題への対応としては，その流動性と個別性の高さを背景として，直接的な法制度による対応よりも，事業者による自主的な取り組みに頼らざるをえない場合が多い．その場合においても，EU のように業界レベルでの一定の自主規制原則を定めつつも，多くの部分は個々の事業者に委ねられていること，そして技術的な対策に重点が置かれていることが見て取れた．このような対応が採られた要因としては，SNS 分野の強いネットワーク外部性等を理由として，前章で取り扱ったような「プロバイダ」全般を対象とした問題と異なり，問題の生じやすい大規模な事業者の数が，個別的な対応が可能である程度には少なかったことを指摘できるだろう．それら大規模 SNS 事業者の取り組みに対していかにして外部からの透明性を確保し，また実効的なものとするための後押しをしていくかが，公私の共同規制関係の焦点となっているのである．

　すでに我が国においても，SNS への対策にあたっては画一的な業界団体の自主規制基準のような手法を採らず，モバイル端末からのアクセスについてはモバイルコンテンツ業界の第三者機関である EMA（モバイルコンテンツ審査・運用監視機構）が個別の SNS（コミュニティサイト）の審査を行う体制を構築している．「基本的な管理方針」「サイトパトロール体制」「ユーザー対応」「啓発・教育」の 4 項目からなるサイト管理体制についての一定の基準[210]を満たしていると評価されたコミュニティサイトは「認定サイト」の資格を付与され，青少年から有害サービスを遮断するためのフィルタリングの対象とならずにサー

---

208) 前述の EU の取り組みにおける自主宣言と近しい内容となっている．ISTTF [2008] Appendix F を参照．
209) その後も Facebook の Open Graph 機能を受け，2010 年 4 月にはニューヨーク州選出上院議員のチャールズ・シューマーが FTC に対して SNS のプライバシーに関わるガイドラインを定めるよう求めるなど，引き続き監視体制の強化は進められている．Schumer Urges FTC: Set Social Networking Guidelines. http://www.cbsnews.com/8301-501465_162-20003445-501465.html
210) コミュニティサイト運用管理体制認定基準．http://www.ema.or.jp/dl/communitykijun.pdf

ビス運営を行うことが可能となる．

　ただし，ここでいうコミュニティサイトとは，必ずしもSNS機能を持たないゲームや漫画等のコンテンツ提供サイトを含む幅広い概念となっている[211]ものの，基本的には携帯電話からの利用のみを対象としており，一般のコンピュータ，さらには近年拡大するスマートフォンからのアクセスにいかに対応するかは今後の課題である．また，欧米では有害情報対策と並びSNSのプライバシー問題についての各種の取り組みが進められている一方，EMAの審査は有害情報対策に主眼が置かれており，プライバシーについての具体的な対応のあり方は示されていない．

　さらに欧米との比較の観点からは，現状の事前審査という方法論に対しても相対的な評価が求められよう．現状では「認定サイト」の資格を持たないコミュニティサイトはフィルタリングにより一律で青少年の利用を遮断されるが，審査基準に合致した管理体制を構築するためには一定のコストが必要となるため，小規模の事業者にとっては負担が困難となり，新規参入を阻害する効果を持つおそれもある．事前審査の段階では一般的な原則と自主的な宣言によって一定の調和と取り組みの透明性を担保し，事後的な点検や監視によって，その実効性を担保するという方法論も視野に入れた検討が行われるべきであろう．

　特に現在の我が国のSNS市場においては，モバイル・PCともに国内事業者によるサービスが大きなシェアを占めているものの，FacebookやMySpace，さらにはtwitterなどの日本に本拠地を置かないサービスはますます増加し，ユーザー数の拡大を見せつつある．海外の事業者に対していかに実効性のある対応を行うかを考慮するにあたり，諸外国の共同規制枠組を参照する，あるいは国際的な連携を進めるなどの作業は，今後の重要な課題として位置付けられることだろう．

---

211)　2011年5月時点で35のサイトが認定サイトとなっている．http://www.ema.or.jp/evaluation/community/index.html

第 8 章　音楽配信プラットフォームと DRM

　Apple は独自の DRM 技術 FairPlay を通じて，高い市場シェアを持つ音楽配信プラットフォーム iTunes と，同様に高い市場シェアを持つ iPod 等デバイスの間に紐帯関係を築くビジネスモデルにより大きな利益を上げてきた．しかしその支配的影響力を背景に，欧米においては競争法に基づく訴訟や FairPlay の相互運用性を強制する立法等，公私の対抗措置が進められ，その帰結が明らかとなる前に Apple は音楽分野の自主的な DRM フリー化という選択を行った．これらの事象は，共同規制という政策手法が持つ不確実性，そして国境を越えて活動するプラットフォームに対する規制可能性の限界という観点から多くの示唆を有する．

8.1　DRM の制度的補強と相互運用性

　インターネット上のコンテンツビジネスにおいて，DRM（Digital Rights Management System）の存在はもはや不可欠となっている．従来のアナログ環境においては，その複製や頒布行為自体の物理的困難性により著作権侵害の経路は限られており，法による禁止規定と罰則のみによって著作権の保護は一定の実効性を保ってきたといえよう．しかしデジタル・ネットワーク技術の拡大は，デジタル媒体での複製行為，そのネットワーク上での配布行為のコストをほぼゼロとするとともに，その行為を行う主体の数そのものを飛躍的に増大させてきた．このような「著作権法の第三の波（田村［2009: 23-25］）」ともいうべき事態を生み出す情報環境においては，それらの行為を DRM によって技術的に制限することが，著作権を実効的に保護するための主要な手段となる．

しかし DRM といえど，完全な保護を実現するものではない．これまでの多くの事例が示してきたように，DRM がコンピュータ・プログラムによって作られるものである以上，ハッキング等による回避・無効化を受けることは不可避である．この問題を解決し，「法としてのコード (Lessig [1999a])」に実効性を持たせるため，世界各国の著作権法をはじめとする関連法制において，DRM の回避を禁止する (anti-circumvention) 規定を設ける法改正や立法が進められてきた[212]．このように私人が策定する著作権保護手段という私的規制の，エンフォースメントの側面を政府が担保するという DRM 回避禁止規定の構造は，それ自体が公私の共同規制の一類型として位置付けることができるだろう．

　DRM による著作権保護はインターネット上でコンテンツビジネスを行う著作権者らにとって不可欠である一方[213]，コンテンツに関わる多様なアクターには，DRM の強化とそれにともなう実質的な著作権保護の強化は多様な意味を持つ．インターネット上でのコンテンツビジネスは通常何らかのプラットフォーム[214]を介して行われるが，それらのプラットフォームは，自社で取り扱う音楽等のコンテンツをできる限り自社のプラットフォームでのみ取り扱い可能な状態を作り出したいという，ある種の抱き合わせ (tying) に対する強い動機を持つ．後述するように，特にそのプラットフォームが寡占的な市場シェアを持ち，さらにコンテンツを再生するデバイスまでをも製造・販売している場

---

212) 国際条約レベルでは，1996 年の WIPO 著作権条約 (WCT) において「著作権者等が自らの権利を行使するために用いる効果的な技術的手段の回避について，各国は適切な法的保護および効果的な補償を定めなければならない (11 条)」とされ，米国や EU，我が国をはじめとする加盟各国 (60 カ国以上) は国内法における対応の義務を負う．我が国では著作権法 30 条および 120 条ならびに不正競争防止法，米国では著作権法 (Digital Millennium Copyright Act) 1201 条および 1202 条，EU では情報社会指令 6 (1) 条等が相当する．特に米 DMCA における DRM 回避禁止規定の詳細と，その表現の自由に対する影響を論じたものとして，成原 [2011] を参照．
213) もっともインターネット上のデジタルコンテンツビジネスすべての形態に DRM が不可欠であるわけではなく，たとえば Slater et.al. [2005] はデジタルコンテンツのビジネスモデルを「デジタルメディアストア型」「P2P ストア型」「集中権利管理型」「付随的サービス型」の 4 類型に整理し法的側面との関係性を論じるが，その中で DRM による強い著作権保護を必要とするのは前者の 2 類型のみである．
214) 第 2 章と同様，ここではプラットフォームについて「物理的な電気通信設備と連携して多数の事業者間又は事業者と多数のユーザー間を仲介し，コンテンツ配信，電子商取引，公的サービス提供その他の情報の流通の円滑化及び安全性・利便性の向上を実現するサービス (総務省 [2007: 24])」という定義を用いる．

合，それらレイヤー間での紐帯関係を志向するインセンティブは一層強いものとなる．インターネット上のプラットフォームは，さまざまな取引やコミュニケーションが円滑に行われるために不可欠の役割を果たすが，強いネットワーク外部性の存在や技術的ロックイン等の要因により，独占的状態が構築・維持されやすい．そのような支配的な地位にあるプラットフォームの持つ社会的・経済的影響力の大きさに鑑み，競争法の適用や競合事業者に対する相互運用性の確保を含む対応のあり方が論じられてきたのである[215]．

8.2 多面市場（Multi-Sided Market）としての iTunes

8.2.1 iTunes のインセンティブ構造

　Apple が 2003 年に開設した iTunes は，音楽配信プラットフォームとして世界各国で大きな市場シェアを築いている．Apple は Windows OS に対抗する「デバイス（Mac）─OS（Mac OS）」間の垂直統合への志向性の高いコンピュータ企業として活動を続けてきたが，特に 2001 年の携帯音楽プレイヤー iPod の発売，そして 2003 年の音楽配信プラットフォーム iTunes Music Store[216]（以下，iTunes）の開設を契機として，そのビジネスモデルの範囲を音楽等のコンテンツ分野にまで拡大する．iTunes で購入された音楽コンテンツは，独自の DRM 技術である FairPlay[217] により同社の iPod/iPhone 等のデバイス（以下，単に iPod）以外で再生不可能とされ，さらに iPod は FairPlay 以外の DRM で保護された音楽コンテンツを再生できない．Apple はこうした「デバイス（iPod）─プラットフォーム（iTunes）─音楽コンテンツ」の強い紐帯関係を築き，2010 年には米国における実店舗を含めた音楽小売事業者として１位のシェアを獲得

---

215) 本章で取り扱う音楽配信プラットフォーム以外にも関連する議論は多いが，たとえば OS 市場につき Lao［2009］，検索エンジン市場につき Manne and Wright［2010］等を参照．
216) 音楽以外の商品を扱い始めたことを契機に，2006 年に iTunes Store と改称している．
217) Apple が iTunes で販売される音楽等コンテンツに適用する独自の DRM 技術であり，転送可能なデバイス数の制限等を行うほか，AAC（Advanced Audio Coding）音楽ファイルに独自の改変を施すことにより，iPod/iPhone 以外のポータブル音楽デバイス上での再生を不可能とする．FairPlay の技術的詳細については優れた分析が多いが，特に iTunes と iPod/iPhone 間の紐帯関係については Venkataramu［2007: 4-11］に詳しい．

しているiTunesをはじめとして[218]，それぞれの市場で高いシェアを実現してきた[219]．

AppleのiTunesを中心としたビジネスモデルを理解するにあたり，そして以下で論じるAppleのDRMであるFairPlayの役割を検討するにあたり不可欠の分析用具となるのが，近年経営学におけるプラットフォーム・ビジネスの分析において重視されつつある「多面市場（multi-sided market）」概念，そしてその構成要素である「間接的ネットワーク効果（indirect network effect）」概念である．多面市場概念自体についてはすでに理論的・実証的にも優れた紹介・応用が多いため詳細な検討は避けるが[220]，iTunesプラットフォームを中核としたAppleのビジネスモデルを多面市場の観点から簡略に整理すると次の通りとなる．

iTunesが対象とする顧客グループを大別すると，「音楽コンテンツの権利者（音楽権利者）」「音楽コンテンツを購入する利用者（音楽購入者）」，そして「FairPlayによってiTunesコンテンツと紐付けられたiPod等のデバイスを購入する利用者（デバイス購入者）」の3グループが存在することになり，これら顧客グループ同士での間接的ネットワーク効果を構築・拡大し，プラットフォーム自身の価値，そして全体として生み出される収益の増大につなげることがAppleの至上命題となる．間接的ネットワーク効果としては，第一に「音楽権利者」と「音楽購入者」の対応関係が存在しており，(1)できる限り多くの良質な音楽をプラットフォーム上に集積し（配信契約を行い）その誘因効果により多くの利用者を引き付ける，(2)できる限り多くの（購買力のある）利用者を集積

---

218) 米国市場調査会社のNPD Groupが2010年5月に公開した調査結果によれば，米国の音楽小売市場全体で28%（2位はWal-MartとAmazonの同列12%），オンライン音楽配信市場で70%のシェアを有する．Amazon Ties Walmart as Second-Ranked U.S. Music Retailer, Behind Industry-Leader iTunes（The NPD Group, 2010/5/26）．http://www.npd.com/press/releases/press_100526.html
219) 参考として，後述する*Tucker v. Apple*で原告側が主張したAppleの米国内市場シェアは，オンライン音楽配信市場が83%，同ビデオ配信市場が75%，デジタル音楽デバイスがハードディスクドライブ製品につき90%，フラッシュ製品につき70%というものであった．
220) 実証を含め関連する先行研究は多岐にわたるが，包括的な紹介および応用としてEvans and Schmalensee [2007] およびEvans et.al. [2006]，邦語による独占禁止法との関連整理として林秀弥 [2008: 114-121] 等を参照．多面市場以外のプラットフォーム概念との比較を含めた包括的な検討についてはEisenmann et.al. [2007] を参照．

しその誘因効果により多くの権利者を引き付ける，という両面的な誘因関係を構築することが必要となる．Apple 自身が音楽販売仲介の手数料によって得る収益はその収益全体からすれば大きくはなく，売上の大部分は iPod 等のデバイスによって占められるため[221]，通常の音楽配信プラットフォームと比して上記両サイドに優遇的な価格を付けやすい[222]．このような相互的な間接ネットワークを強固に構築・拡大することにより，iTunes はプラットフォーム間競争における競争優位を得ることができる．

　本章の問題意識からより重要なのは，第二の音楽権利者とデバイス購入者の対応関係である．FairPlay によって iTunes で販売される音楽コンテンツとデバイスを強固に紐付け，他社のデバイスで再生不可能な状態を維持している限り，上記「音楽権利者―音楽購入者」間の間接的ネットワーク効果は「音楽権利者―デバイス購入者」間にもそのまま妥当する．多くの良質な音楽コンテンツによって引き付けられたデバイス購入者は大きな収益をもたらし，他サイドへの優遇的価格設定を行う原資とすることができる．逆にいえば，FairPlay による紐帯関係がなければ，iTunes で購入された音楽はいずれのベンダーの携帯音楽プレイヤーでも再生可能となり，その分 Apple 自身がデバイスから得られる収益と他サイドへの優遇原資は減少し，iTunes の多面市場性は揺らぐことになる．FairPlay は，これら3種の顧客サイドを iTunes プラットフォームにつなぎ止め，多面市場を構築・維持するための技術的紐帯の役割を果たしてきたのである（図表 8.1）[223]．

8.2.2　FairPlay DRM の多義性

　一方で，このような FairPlay を通じた紐帯関係は，インターネット上の音楽

---

221) 2009 年度の決算資料（Form 10-K）によれば，2009 年度の総売上 429 億ドルの内訳は Mac 製品が 139 億ドル，iPod が 81 億ドル，iPhone および関連製品が 130 億ドルであり，iTunes 関連の売上は Apple 製の iPod 関連機器等と合わせて 40 億ドルである（いずれも 1 億ドル以下四捨五入，Apple［2010: 33］）．
222) 本稿の直接の射程からは離れるが，多面市場における戦略的価格設定に関わる競争法上の論点につき Evans［2002: 42-67］，我が国の独占禁止法との関連につき林秀弥［2008: 116］等を参照．
223) iTunes における間接的ネットワーク効果と競争法の関連を念頭に置いた分析として，Sharpe and Arewa［2007: 339-341］等も参照．

第 8 章　音楽配信プラットフォームと DRM

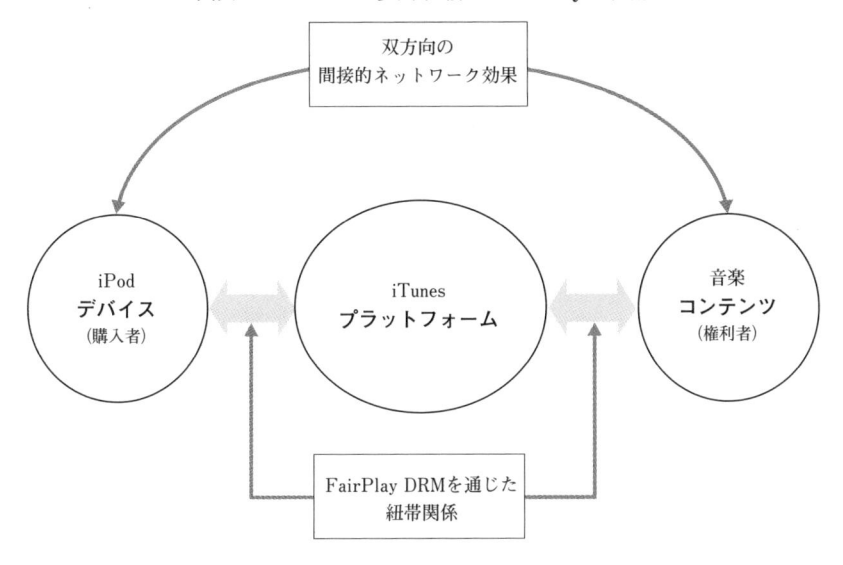

図表 8.1　iTunes の多面市場性と FairPlay の役割

```
          ┌─────────────────┐
          │    双方向の      │
          │ 間接的ネットワーク効果 │
          └─────────────────┘
          ↙                   ↘
   ○              ○              ○
  iPod          iTunes          音楽
 デバイス  ⇔  プラットフォーム  ⇔  コンテンツ
 (購入者)                        (権利者)
          ↖                   ↗
          ┌─────────────────┐
          │ FairPlay DRMを通じた │
          │     紐帯関係      │
          └─────────────────┘
```

配信ビジネスに関わる主体に対して多義的な意味を持つ.

　第一に一般的な利用者（ユーザー）は，2つの理由で DRM の回避への動機を持つ．まず利用者と著作権者側の利害が相反する側面として，DRM は著作権侵害への対策という枠を超えて，私的複製やその内容を改変して利用したい場合を含め，購入したコンテンツの利用行為全般に対する一定の制約をもたらす可能性がある．次に1点目と少なからず重なり合うが，利用者と寡占的プラットフォーム側の利害が相反する側面として，利用者は自らが購入したコンテンツをできる限り多くのデバイス・プラットフォーム上で視聴したいという動機を持つ．DRM によって強い保護を受ける，あるいは特定のプラットフォームに囲い込まれたコンテンツは，当該プラットフォーム側が許容しないデバイス・プラットフォーム上での視聴を不可能とされてきた．これら利用者側の利害を要約すれば，「制約の大きい DRM は利用者の利便性を害する」のである[224].

224）　特に米国ではこのような制限が米国著作権法 107 条に規定されるフェアユース条項と矛盾し，利用者の正当な利用行為を制限しうる問題が広く論じられるが（近年の議論のレビューとして Armstrong［2006: 68-］等を参照），2003 年当時において他社音楽プラットフォームがダウンロー

第二に，iTunes のような突出的市場支配力を持つプラットフォームと競合する立場にあるプラットフォーム事業者は，支配的プラットフォームによる DRM を通じたコンテンツの囲い込みに反対する動機を持つ．iTunes のような音楽プラットフォームの利用者にとっての価値は，その多くをプラットフォーム上で利用可能なコンテンツの質と量に依存する．市場的価値の高いコンテンツが特定の寡占的プラットフォームに囲い込まれれば，その他の競合的プラットフォームはそのコンテンツ販売市場からの収益を失うのみならず，プラットフォームそのものの競争性すら失いかねない事態を生じる．

　第三に，iPod のようなデバイスと競合するデバイス製造事業者は，DRM を通じたデバイスと支配的プラットフォームの紐帯関係に反対する動機を持つ．デバイスの価値はそこで利用可能なコンテンツの質と量に依存するが，市場的価値の高いコンテンツが特定の寡占的プラットフォームに囲い込まれ，当該プラットフォーム事業者が製造するデバイス以外での利用が閉ざされれば，それ以外の競合的デバイスはその分デバイスの市場的価値を失う．これら競合的プラットフォームおよび競合的デバイス側の利害を要約すれば，「DRM を通じた寡占的プラットフォームとデバイスの紐帯関係は，両市場における適正な競争を阻害する」のである[225]．

　以上のように FairPlay を通じた紐帯関係は，当該プラットフォーム市場に加えデバイス市場の競争を阻害しうると同時に，消費者の選択可能性をも制約しうる．いかに iTunes が支配的なシェアを持っていたとしても，FairPlay が他社にライセンスされる，あるいは相互運用性の確保により競合デバイス・プラットフォーム上での利用可能性が確保されていれば，このような問題は生じない．しかし DRM はコンテンツビジネス全般にとって不可欠であるため，その脆弱性をもたらさないよう配慮する必要があること，そしてオンラインの音楽配信市場そのものがいまだ流動的であることなどから，相互運用性やライセ

　　ドや CD-ROM への書き込みすら禁止していた中，それらを許容する iTunes は相対的にフェアユースに強く配慮しており，iTunes が市場に受け容れられた要因の 1 つであったと指摘される側面も存在する（同［2006: 62-63］）．
[225] このほか，プラットフォームの囲い込みによって「権利者」の側も他のプラットフォームで自らのコンテンツが扱われにくくなる不利益を受けるという議論も存在しようが，多くのプラットフォーム＝権利者間の配信契約は非排他的であるため，本章ではその論点については取り扱わない．

ンス提供の強制を行うことが適切か否かを判断することは必ずしも容易ではない．

8.3 iTunes FairPlay への抵抗措置

8.3.1 フランスにおける官民の抵抗措置

　このような強い間接的ネットワーク効果に基づく iTunes プラットフォームの構築は Apple に莫大な利益をもたらしたが，その突出的競争力がゆえにさまざまな抵抗を呼び起こす．iTunes プラットフォームの寡占化に対して先駆的かつ明示的な抵抗が行われたのが，情報社会におけるコンテンツ分野全般の文化的側面を強く主張してきたフランスにおいてであった．早くも 2004 年には競合的音楽配信プラットフォームである VirginMega[226]を運営するヴァージンが，同国競争当局 (Conseil de la Concurrence) に異議申立を行った．Apple が他社の音楽配信プラットフォームに対する FairPlay のライセンス提供を拒絶し，同様に高い市場支配力を持つ iPod 上で他の DRM で保護された音楽の再生を不可能としていることが VirginMega の市場機会を損ない，支配的地位の濫用に該当すると主張したのである．同局はオンライン音楽市場およびポータブル音楽デバイス市場はいまだ競争的であること等を理由に，FairPlay のライセンスが音楽配信ビジネスを行ううえでの不可欠施設 (essential facility) には当たらないとして，ヴァージンの申立を却下した (Willoughby et.al. [2008: 17])．さらに続く 2006 年には，同国の消費者団体 (Consommaterus-Que Choisir) が，ヴァージンの主張したような競争の減殺が関連製品の市場価格を高騰させていること，そして FiarPlay によるデバイスとコンテンツの抱き合わせが消費者の自由を損なうことを理由とした Apple に対する非難声明を出している[227]．

　このような国内での動きを背景に，FairPlay への抵抗はフランス政府自身による対抗的立法措置にまで及ぶ．フランス政府はそれ以前から，ハリウッド映画やグーグルなどの IT 企業をはじめとする文化的商品関連分野の市場支配力

---

226) DRM はマイクロソフト社の WMA（Windows Media Audio）を利用していた．
227) WORM OF COMPETITION WANTS A BITE OF THE APPLE（Foley & Lardner LLP., 2006/9/12）．http://www.foley.com/publications/pub_detail.aspx?pubid=3626

を強化する米国企業に対しさまざまな対応を行ってきた経緯があるが，iTunes に対しては DRM 回避禁止に関わる著作権法改正という強硬的な措置を試みた[228]．情報社会指令を国内法化するために 2003 年に議会提出されたDADVSI（Loi sur le Droit d'Auteur et des Droits Voisins dans la Societe de l'Information）は，13-14 条において DRM の回避を禁止していたが，同条項がフランス国内から Apple やマイクロソフト等の米国 IT 企業の独占力をより強固にするものだという批判を受けたことから，2006 年の審議において(1) DRM を開発・運用する企業は，新設される公的機関（Autorité de Régulation des Mesures Techniques）の審査を経たうえで他社からの求めに応じ相互運用性（interoperability）を確認するための技術的資料を公開せねばならず，そして(2)その技術的資料の公開等は DRM 回避禁止規定の罰則を受けないという，実質的な DRM 相互運用性の強制を含む立法的措置を試みたのである．

　Apple はそれまでも，FairPlay の相互運用性や他者に対するライセンス提供について，DRM 技術の詳細を開示することが DRM の脆弱化をもたらす等の対外的主張[229]を行い一貫して拒絶の姿勢を取り続けてきたが，DADVSI に対しては「国家支援による海賊行為である」という特に強硬な反対声明を出し，同条項が通過した場合には Apple はフランス市場からの撤退も辞さないだろうという観測もなされた[230]．同条項は「相互運用性」の定義が曖昧であることなどを理由として同国憲法院（Conseil Constitutionel）からも問題視され，最終

---

228) Apple に焦点を絞ったものではないが，文化的製品市場におけるフランスの米国 IT 企業への抵抗姿勢についてはジャンヌネー［2007］，国家的抵抗措置の具体的な経緯については長塚［2010］等に詳しい．

229) 同主張の詳細および iPod/iPhone 上で他社製 DRM で保護された音楽を再生可能とする等の代替策の可能性を含めた妥当性の検討については Jozefczyk［2009: 77-81］に詳しい．

230) Apple の声明やフランス市場からの撤退可能性については多くの報道がなされたが，たとえば以下の記事等を参照．Apple calls French law 'state-sponsored piracy'（CNET News, 2006/3/22）．http: //news. cnet. com/Apple-calls-French-law-state-sponsored-piracy/2100-1025_3-6052754. html 2006 年当時の Apple の売上に占めるフランス市場の割合は 2%前後と推測されており，DADVSI が上述の通り DRM の相互運用性を強制するものとして通過した場合には，その他の市場における収益への影響可能性等に鑑みるに，Apple のフランス市場撤退という選択肢は決して非現実的ではなかったと考えることが妥当であろう．参考として欧州の国別の内訳は示されていないものの，2009 年度における Apple の売上は総売上 429 億ドルのうちアメリカ 190 億ドル，欧州 118 億ドル，日本 23 億ドル，アジア太平洋 32 億ドル，加えてその他のリテールが 67 億ドルという内訳である（Apple［2010: 80］）．

的には DRM の相互運用性を強制しないよう改められたが[231]，国境を越えて活動するプラットフォーム企業に対する政策的対応の困難さを映し出す事例となった．

8.3.2 米国での反トラスト訴訟

フランスから少し遅れ，米国においては FairPlay による iTunes と iPod/iPhone の囲い込みがシャーマン法に規定される市場支配力の濫用に該当するとして，同社製品の利用者を原告とする訴訟が相次いで提起された．代表的な訴訟である Tucker v. Apple[232]における原告の主な主張は[233]，Apple の行う(1)FairPlay を通じた音楽コンテンツおよびオンラインビデオの iPod との抱き合わせ（tying），それを通じた(2)デジタル音楽デバイス市場における独占力の獲得と維持，ならびに(3)オンライン音楽配信市場およびビデオ配信市場における独占化への試みが，反競争的であり消費者の選択肢を不当に制限するというものだった．Apple は原告の主張は証拠不十分として米国民事訴訟法 12(b)(6)に基づき請求棄却申立（motion to dismiss）を行ったが，裁判所はそれを退けている[234]．

前述のフランスにおけるヴァージンの申立等と合わせ，FairPlay に対する（DRM フリー化以前の状況を前提とした）競争法の適用については，現在の市場状況においては否定的な議論が多い模様である．競争法の適用に比較的肯定的な Sharpe and Arewa［2007］においても，前述の各種批判における消費者の選択肢の減少や反競争的効果を重要視しつつも，デジタル音楽およびデバイス市場がいまだ流動的であること等に鑑み，DRM が持つ関連市場の競争への影響力に対し当局がより慎重な検討を行うべきことを論じるにとどまる（同［2007: 346-349］）．

---

231) DADVSI の立法経緯や相互運用性の強制規定案の詳細につき Jondet［2006: 479-484］，邦語による同法の紹介として張［2007: 119-120］等を参照．
232) *Tucker v. Apple Computer Inc.*, No. C-06-04457-JW（N.D. Cal. July 21, 2006）．
233) 同様の内容を争った事件として *Sommers v. Apple, Inc.*, No. 5: 07-cv-06507（N.D. Cal. Dec. 31, 2007）等があるが，Tucker を含め多くの訴訟は *The Apple iPod iTunes Anti-Trust Litigation*, No. 5: 2005cv00037（N.D. Cal, Jan. 3, 2005）に統合され，現在も係争中である．
234) 同訴訟の経緯と両者の主張の検討については Jozefczyk［2009: 381-390］に詳しい．

競争法の適用に否定的な議論としては，(1)オンライン音楽配信（デバイス）市場はいまだ流動的であり Apple の独占性は一時的であると考えられること，(2)iTunes の形成する間接的ネットワーク効果は必ずしも完全ではなく，特に iPod/iPhone のデバイスが他のプラットフォームのコンテンツを再生できないことは iPod/iPhone の市場を狭め Apple にとって両義的な意味を持つため必ずしも永続的ではないこと，(3)オンライン音楽配信市場はオフライン音楽配信市場に加え違法コンテンツを含む広い市場と競合しており，Apple の音楽配信市場における市場シェアは市場確定の観点からも慎重に検討される必要があること等が論拠として挙げられるが[235]，加えて ICT 市場全般との関係で焦点となるのが，(4)先述のフランスにおけるヴァージンの申立において争われた不可欠施設性要件の適用の是非である．米国・EU ともに単独の事業者による抱き合わせ行為については積極的な介入を控えてきた経緯があるが，あるレイヤーの製品の市場支配力により，当該製品が他のレイヤーにおける事業を行うにあたり不可欠である場合には，競争法の適用，特に競合他社に対するライセンス提供の強制は積極的に検討される．すでに EU においてはマイクロソフト社の Windows OS が不可欠施設とされ強制的なライセンス提供および技術情報開示の対象となったことがあるが[236]，先述の Tucker 他の訴訟も結審前に 2009 年 1 月の Apple による自主的な DRM フリー化を迎えたまま未決となっており，FairPlay に対する不可欠施設性の適用を含む競争法的対応の是非についていまだ結論は出ていない．

8.3.3　EU レベルでの抵抗措置

　Apple に対する競争法適用の是非が不確実である中，欧州各国を中心として FairPlay に対する立法的対応措置が続けられる．フランスにおける DADVSI に引き続き，2006 年にはデンマークにおいて文化担当大臣が FairPlay の相互

---

235)　以上主に Lao［2009: 587-595］による．
236)　同案件と FairPlay の性質を子細に比較し，FairPlay に対する不可欠施設性の適用を否定する議論として Lao［2009: 576-581］等を参照．さらに邦語では EU のマイクロソフト事件を中心に，ICT 市場の相互運用性およびライセンス拒絶の競争法上の問題を米国および我が国との比較の観点から論じたものとして林秀弥［2010］等を参照．

運用性を強制する新規立法の可能性を示唆するほか[237]，2007年にはノルウェー[238]およびオランダ[239]の消費者オンブズマンが，FairPlayによるデバイスとコンテンツの抱き合わせが消費者契約法制に違反するという申立を行っている[240]．

このような各国の動きを背景に，EUレベルでの抵抗措置も進められている[241]．2008年には欧州委員会情報・メディア担当委員ヴィヴィアン・レディングが，消費者保護の観点からEU内におけるDRMの相互運用性を推進していく姿勢を発表する（European Commission [2008a]）ほか，2010年8月に公開された欧州デジタルアジェンダの中でも相互運用性の推進は主要な事項として取り上げられており（European Commission [2010b: 14-]），今後iTunes等の寡占的プラットフォームの相互運用性を促進・強制するEUレベルでの対応を行う可能性を示唆している．

8.4　プラットフォームの規制可能性

8.4.1　自主規制としてのDRMフリー

以上のようなFairPlayによる音楽コンテンツとデバイスの抱き合わせを巡る論争は，2007年のEMIとの協力によるDRMフリー（iTunes Plus）楽曲提供の開始，そして2009年の米国における全楽曲のDRMフリー化というAppleの自主的な対応により，一応の収束を見せている[242]．ここではそのような，「自

---

237)　Denmark next in line to challenge Apple, DRM（ars technical, 2006/3/26）. http://arstechnica.com/old/content/2006/03/6463.ars
238)　Apple DRM is illegal in Norway, says Ombudsman（Out-Law.com, 2007/1/24）. http://www.out-law.com/page-7691
239)　Dutch consumer chief puts Apple through the mill（The Register, 2007/1/25）. http://www.theregister.co.uk/2007/01/25/dutch_out_of_tune_with_apple/
240)　その他欧州各国の対応の概要についてはWilloughby et.al. [2008: 3-4] 等も参照．
241)　EUにおいてはiTunesの楽曲価格設定がEU内で一律でないこと等を理由として競争総局による調査が行われた経緯があったが，その後域内での平準化が進められたことを理由に直接的な介入には至っていない．
242)　ただしこれはAppleが音楽コンテンツの海賊版対策を放棄したことを意味せず，DRMフリー化されたiTunes Plusにおいてはファイル内に利用者IDを含む一定の識別情報が記録されており，P2Pソフトウェアなどによる著作権侵害の追跡が可能であるとされる．技術的詳細につき，Venk-

主規制としての DRM フリー」と，それに対する各国の働きかけという事象につき，第 1 章で自主規制の必要性拡大の背景として指摘した要因のうち，「情報技術の進化速度等に起因する固定的ルール制定の困難性」および「グローバル化にともなう一国政府の規制能力の限界」の 2 つの観点から，整理と考察を行いたい．

　第一の点に関して，FairPlay のような DRM の相互運用性を進めるにあたり，フランス DADVSI のような直接的な規制は必ずしも適切ではない．DRM に対してどのような方法で，どの程度の技術情報の開示を行うことが実質的な相互運用性を確保しうると同時に，デジタルコンテンツビジネスの発展を阻害しないかを見出すことは容易ではない．さらにオンライン音楽配信ビジネス市場およびその産業構造がいまだ流動的であることから，いかなる振る舞いが反競争的として排除されるべきかも明確ではなく[243]，それを規制する法制度のあり方を見出すことは現状では困難である．市場の推移や企業による自主的な取り組みを注視し，適時の公的関与を行いつつ，漸進的なルール形成を進めていくことが望ましく，かつ現実的な選択肢である段階といえよう．

　これまで見てきたように，Apple の DRM フリー化の選択は純粋な自主的選択とはいえず，米国やフランス等における競争法訴訟や新規立法の可能性の影響を強く受けたある種の共同規制，あるいは「公的権力の影の下での自主規制 (Newman and Bach［2004］)」と呼ぶべき側面が強い．前述のように現行の競争法の適用可能性が定かでないとしても，Apple の DRM フリー化の選択は，EU における新規立法の可能性をも視野に入れたうえで行われた自主規制と考えることが妥当であろう．そのような緩やかな公的関与（の可能性）の下に行われる自主規制は，当該事業者を取り巻く複雑な事業環境やインセンティブ構造との相対的な影響関係の中で形成される．Apple の DRM フリー化は，競争法や新規立法等の公的介入の可能性を視野に入れつつ，以下のような複数の要因との関連の中で選択されたと考えられよう．

---

　　ataramu and Stamp［2010］等を参照．
243)　この点，Apple の FairPlay に焦点を絞ったものではないが，競争法の誤適用のコスト衡量論を念頭に，新規技術によるイノベーションを促進するにあたり，競争法による拙速な介入を行うことの不適切性を論じた Manne and Wright［2010］が参考になる．

・すでに iTunes および iPod が両市場で大きなシェアを獲得しており，抱き合わせの手法を採る必要性が短期的な競争優位の確保という意味では減少した．
・消費者の選択肢や自由度を減少させることが消費者の反発を招くおそれが強い．
・iTunes で購入した楽曲が iPod でしか視聴できないことは，変化の激しいデジタル音楽市場において両プロダクトの発展可能性を阻害する可能性がある．
・電子書籍等の成長市場でも用いられている FairPlay そのものの相互運用性や技術開示を強制されるよりは，すでに支配的な地位を持つ音楽分野での DRM フリー化を自主的に行うことにより，批判や公的介入を回避することが合理的である．

第 2 章で論じたように，政府からの働きかけによって形成される自主規制と，市場的要因により形成されるビジネスモデルは本質的に不可分であり，いずれかのみを切り離して政策的対応を講じることはできない．技術的のみならず商業的環境の変化が著しいデジタル分野において，公的主体の関与により意図する自主規制を実現させることの困難性を如実に表している事象であるといえよう．

8.4.2　グローバル性と規制の限界

第二に，「一国政府の規制能力の限界」という点である．一般的にグローバル化にともなう自主規制の重要性拡大は，国際的に活動する企業や業界団体が，国ごとに異なる制定法に従うよりは自ら適正な自主規制指針を定め，その公正性を国際機関を含む公的機関が監視するほうが現実的であるという文脈で論じられることが多いが[244]，本章の議論からは若干意味合いを異にした検討が必要となる．すでに見たように，フランスの DADVSI において DRM の相互運

---

244) たとえばプライバシー保護法制において，立法的対応を重視してきた EU においても EU を超えて国際的な活動を行う企業を中心として，自主規制の促進とその公的監視を定めたデータ保護指令 27 条の規定が活用されていることにつき本書第 5 章および Roßnagel［2007: 11-12］を参照．

用性が強制された場合には，Apple はフランス市場からの撤退という選択すら行った可能性がある．法制度等のリスクが存在する地域や市場への非参入や撤退はインターネット以前から広く見られた事象ではあるものの，現地における多額の投資や販路開拓などのコストを必要とする製造業等と比して，iTunes のようなデジタル・ネットワーク上のプラットフォームは，特定の地域・市場への参入と撤退に必要なコストがきわめて小さい．このような状況において，当該市場におけるリスクとそこから得られる利益を衡量した結果としての撤退という選択肢が相対的に現実的であるプラットフォームに対し，一国政府の制定法による規制能力は減少せざるをえない．つまり政府の側としては，自主規制／共同規制という手法を採るためには対象のインセンティブ構造が複雑すぎ，そして直接規制という手法を採るためにはプラットフォーム側の「市場の選択」に直面せざるをえないという，プラットフォームのガバナンスにおける二重の困難を生じることとなる[245]．

　前述した欧州デジタルアジェンダのような多国間における連帯的対応を行うことは，このような状況において国家の側が採りえる有力な選択肢となるだろう．米国を含むすべての主要国の合意が得られなかったとしても，欧州市場は Apple の売上の 4 分の 1 強を占めている．そのため，EU 全体が同様の制度的対応を行った際に市場撤退を採る可能性はフランス一国の対応よりも低くなり，規制の実行における国家の交渉力は一定程度回復される[246]．さらにベルヌ条約をはじめとする著作権関係条約の規定が，歴史的経緯や加盟国数において優位にある欧州諸国の要求を色濃く反映してきたことに鑑みると，将来的にはより普遍的な国際条約において，DRM の相互運用性に関わる規定が設けられることも考えられよう．元来著作権関連条約は，著作物の国際的流通が常態化し

245）　iTunes は音楽をはじめとする娯楽コンテンツを取り扱うのみであるため，一国政府の側としてもそのようなプラットフォームの国内市場排除を含んだ強硬策を採ることにつき民主的合意の調達に大きな困難は生じないとも考えられるが，たとえばグーグルのように検索エンジンに加え Gmail 等の実質的な「字句通りの不可欠施設」を有するプラットフォームへの国家的対抗措置を想定した際に，以上の議論は一層妥当するものと思われる．

246）　国家とプラットフォームの関係を直接取り扱うものではないが，公と私をはじめとする多様な関係における力関係がデジタル・ネットワーク技術によって変容しうることを広く論じたものとして Koops［2009］を参照．

た20世紀において，一国で保護される著作物が他国市場においても保護されることを主たる目的として締結が進められてきたが，将来的にはiTunesをはじめとするグローバルなプラットフォームへの対応として，事実上唯一採りえる有効な規制手段としての新たな意味合いを帯びる可能性がある．

しかし多国間での指令や条約等による対応は，一般的に単一国家の制定法よりも改正や撤廃が困難であり，第1章で指摘した自主規制の必要性，特にその柔軟性への要請との矛盾を生じることになる．以上のような情報産業のプラットフォーム規制に関わる二重の困難に対応していくためには，国際的連携により当該プラットフォームの自主規制を呼び起こし，またそれに対しても国際的連携により継続的な監視・介入を行っていくという，グローバルな公私の共同規制の方法論の構築が求められるものと考えられる．

8.5 小括

以上の議論を要約すると次のようになる．情報社会のルール形成において，DRM等の私人の実装する「法としてのコード」が主要な役割を果たすのならば，その変更や撤廃もまた第一義的には私人が制度や市場の外的影響を受けつつ選択する自主規制の形式を採る．Appleは「自主規制としてのDRMフリー」を選択することにより，自らのビジネスモデルの根幹であるiTunesという「触媒としてのコード」の実効的存続を図ったのである．特に市場の選択可能性を有するプラットフォームへの規制において，単一国家の制定する法はそれらの行う自主規制への外的影響要因という付随的役割にとどまらざるをえない．

本章の議論はAppleのiTunes，特に音楽分野におけるFairPlay DRMに焦点を絞ったものであるが，このようなプラットフォームの行う自主規制と国家的圧力との相互作用という視点は，近年拡大するさまざまなインターネット上のプラットフォームに対する規制のあり方を考慮するにあたり一定の示唆を有すると考えられる．特にiTunesに関しては引き続きFairPlayが適用される電子書籍分野，そして2010年のDMCA改正においていわゆるジェイルブレイクによる相互運用性の確保が合法化されたアプリケーション分野等は，市場状況や技術的性質の相違を含めた検討が必要となることに加え，検閲という法に対

抗し，中国市場からの撤退という市場の選択を試みたグーグル等は本章の議論とも関連の深いところであり，別途論考を期したいと考える．

第 IV 部

制度設計

第 9 章 共同規制方法論の確立に向けて

　これまで確認してきたように，情報社会において生じる諸問題に対応するための公私の共同規制には，その産業の性質，国や地域の社会・経済的文脈，そして問題となる権利利益の性質等によって，介在する団体の有無をはじめとした幅広い多様性が存在する．欧米各国においてもいまだその方法論は，試行錯誤を経ながら洗練が進められている段階であるといえよう．しかし第II部・第III部で検討してきた事例の中から，今後の制度設計において必要ないくつかの要素を見出すことはできる．本章では，共同規制の方法論を用いた今後の制度設計のあり方について一定の方向性を提示するため，まずインターネット上のいかなる問題において，いかにして政府は自主規制に関与すべきかの考慮要素を示した後，共同規制によって生じうる二次的弊害への対応のあり方，そして共同規制の設計において念頭に置かれるべき透明性の概念について検討を行った後，最後に共同規制を用いるための制度的フレームワークの構築について論じることとする．

9.1　共同規制の構造要件

　まず，共同規制を用いた制度設計を行うための第一の指針として，第II部・第III部において検討した事例を振り返りつつ，情報社会で生じる問題のいかなる分野において，政府はいかなる介入を行うべきかを検討したい．第2章で論じた通り，自主規制はたしかに政府の働きかけを受けて形成される一方で，市場状況や技術環境，社会規範等，複数の要因の影響を受けるため，政府が実効的なコントロールを行うことは必ずしも容易ではない．しかし対象となる問題

の性質，そしてそれを取り巻く産業構造などの諸要件を注意深く観察することで，より効果的な介入手法を特定するための検討要素を提示することは可能であろう．ここでは特に，インターネット上の多様な産業分野の構造的特質に焦点を当て，その検討要素を論じていく．

9.1.1 実効的な自主規制団体の存在可能性

コントロールの実効性という観点から評価した際，第II部で取り扱った団体を介した共同規制関係は，情報社会においても多くの利点を持つ．当該分野で活動する企業全般に対して確固とした管理能力を持つ業界団体が存在しさえすれば，不適切な自主規制ルールに対しては，当該業界団体と政府間の公式・非公式の交渉により業界全体の振る舞いを是正することができる．さらに当該団体が策定した自主規制ルールに対する公的な承認を行うことにより，その内容の適切性を事前に担保することも可能である．加盟企業が自主規制ルールに違反した場合の除名をはじめとする罰則措置のように，エンフォースメント自体を当該業界団体が担うことも，自主規制の自律的実効性の確保を実現するうえで重要な役割を果たす．

しかしインターネットに関わる産業分野においては，第III部で取り扱ったように，サービスごとの多様性や，技術進化の速度等の要因によって，関係企業に対する十分な集権的管理能力を持つだけの団体の形成が不可能であることが多い．そのような場合において，第6章で論じたプロバイダ責任制限法制や，第8章で論じたプラットフォームの中核となるDRMをはじめとする技術的要素に対する制度設計の調整等の手段は，多様な主体の行う自主規制に対して一定のコントロールをもたらすための重要な道具立てとしての機能を果たす．しかしこのような手法は，業界団体のような集中的なコントロール・ポイントが存在する場合と比して，自主規制に対する監視コストは高くなる．さらにその内容も個別企業のビジネスモデルのあり方に依存しやすくなるため，政府が意図した通りの自主規制を行わせる困難性は高まり，実効的なコントロールを実現するためにはより強度の介入が必要となる．第7章で論じたSNS事業者と政府機関の公私協定は，規制の対象とすべき事業者の数が限られているという条件を必要とするものの，個別の事業者の行う自主規制に実効的なコントロー

ルを行う1つの手法と位置付けられるだろう．

9.1.2 産業構造の寡占性

自主規制を産業の集合的行動の「正の」側面であるとすれば，競争政策の領域において問題となるカルテルや談合といった反競争的行為は，産業の集合的行動のいわば「負の」側面であるということができる．その規範的な善し悪しの違いこそあれ，産業が自発的にルールを形成し，その実効性を維持しようとするという意味においては，両者のメカニズムは多くの共通部分を持つ．

産業組織論におけるカルテルに関する一連の研究が示す通り[247]，カルテルの形成と維持の可能性は主に，その市場にどれほど多くのプレイヤーが参加しているか，そして参入・退出がどれほど容易であるかという2つのパラメータに依存する．市場に参加するプレイヤーの多い産業構造は，(1)カルテル内容の合意形成の困難さ，(2)逸脱者の発見とそれに対する報復措置の困難さなどの要因により，カルテルの形成と実効性確保の両面を困難とする．また頻繁な参入・退出による流動性の高さは，(1)新たに参入してきたプレイヤーがカルテルに従うとは限らず常に逸脱者が発生する危機に晒されること，(2)退出可能性の存在は繰り返しゲームによる自己拘束の可能性（フォーク定理）を弱めることなどの要因により，カルテルの継続を困難とする．

この観点からすれば，自主規制は，その産業でサービスを提供するプレイヤーの数が少なく（寡占的），かつ参入・退出の頻度が少ない（高い参入・退出障壁）ほど，形成・維持されやすい．そしてこれらの要件はほぼそのまま，第3章および第5章で検討したような，当該業界全体に対する実質的なコントロール能力を有する業界団体が成立しうるかの要件に当てはめることができる．

9.1.3 ボトルネック性の存在

インターネット関連分野に限らず，一部の産業には強いボトルネック性が存在する場合がある．ここでいうボトルネック性とは，必ずしも周波数のような資源の希少性を原因とするものに限らず，比較的少数のプレイヤー群（レイ

---

[247] 産業組織論におけるカルテル分析の枠組については，Perloff［2006: 3-］等を参照．

ヤー）の提供する特定のサービスやインフラを経由しなければ，その分野において商品やサービスを提供することが不可能あるいはきわめて困難である産業の性質を指す．第4章で検討したモバイルコンテンツ産業は，そのような産業分野の典型例であるといえる．コンテンツの提供自体は比較的少ない資本や設備投資によって参入可能であるためプレイヤーも多く存在するが，それを利用者に届けるためには，通常きわめて参入費用が高く，寡占性の高い携帯電話事業者のプラットフォームを介する必要がある．いかに多くのコンテンツホルダーが市場に存在していようとも，ボトルネックとしての役割を持つ携帯電話事業者がフィルタリング技術の導入等の自主規制を行い，ゲートキーパー (Zittrain [2006a]) として機能を果たすことにより，当該産業全体における自主規制は有効に機能するのである．

　ボトルネックを通じた共同規制には，たしかに高い実効性と効率性がある一方，そのボトルネック性が高ければ高いほど，誤ったルール形成や過度の抑圧的規制が行われた場合の弊害も大きい．さらにボトルネック機能を有する企業は，多くの場合当該自主規制の影響を受ける主体とは異なるレイヤーの事業者であることが多いため，そのようなボトルネック企業のみによって行われた自主規制は，本来の意味における「自主性」を必ずしも有しない可能性がある．EUや我が国において，モバイルコンテンツ分野のボトルネック的存在である携帯電話キャリアが行う自主規制を管理するため，コンテンツプロバイダや利用者，そして政府をも含む独立性の高い第三者機関を設立する手法を採っていることは，このような問題への効果的な対応であると考えられる．

9.1.4　サービスの均質性

　インターネット上で提供されるサービスには，オークションや動画共有サービスなどのように，それぞれの分野におけるサービス内容の均質性が比較的高い分野が存在する一方，SNSのように同一のサービス分野に属していたとしても，事業者ごとにサービス内容が大きく異なる分野も存在する（第7章）．そのような分野において画一的な自主規制ルールを設けようとすることは，具体的な内容を欠いた最大公約数的なものにしかなりえないおそれがある．これは業界団体レベルでの自主規制の実行を困難とするのみならず，同じ理由で政府に

よる直接規制を困難とする要因にもなりうることから，自主規制が困難であるからといってただちに直接規制が望ましいという結論を引き出すこともできない．

そのような状況において考えられる対応は，業界団体レベルで，あるいは政府によるガイドラインという形で一定程度抽象的な原則を定め，それに基づき各事業者がより詳細な自主規制ルールを形成することである．第7章で確認したように，SNSの具体的なサービス内容はそれぞれの事業者ごとに大きく異なるが，問題が生じる共通要素，たとえば未成年の利用を青年と同じレベルで認めるかどうか，認めるのであればフィルタリング機能の導入や親権者による監視を可能とするのか，いわゆるミニメールのような非公開コミュニケーション機能の利用を可能とするのか，有害情報に対する利用者から管理者への通報機能を実装するのかどうかなどを抽出することは可能である．第5章で検討した行動ターゲティング広告分野も，ライフログサービスの拡大にともない，単一の産業とは呼べないほどの多様性を生み出しつつある．米国のFTC原則に基づくNAI原則，そして個別企業のプライバシー・ポリシーといった，政府の抽象的原則を頂点とした，段階的な具体化の手法を採っていることは，このような多様性に対応するための方法論として有効たりえるだろう．

9.1.5 関係者の利害の一致

自主規制によるルール制定が行われるためには，その主体となる業界団体内部を含め，多様なステイクホルダーの間でのコンセンサスの形成が必要になる．問題の抑止や解決がそれぞれのステイクホルダーのインセンティブに整合していた場合は問題ないが，競争的な環境において，そのような利害関係の一致はむしろ例外的である．特にプロバイダの行う著作権侵害への対応に関して，より強い保護を求める権利者の側と，より自由な利用を求めるユーザーの間でコンセンサスを形成することは容易ではない（第6章）[248]．そのような状況にお

---

248) このほかにも米国著作権法におけるフェアユース規定の運用においては，必ずしも訴訟による解決に頼ることなく，権利者と利用者の間での自主的協定によってルールを策定しようとする取り組みが，1976年著作権法によってフェアユース規定が明文化する以前から行われていた．しかしたとえば教育利用という場面のみに限定しても，その自主的なガイドライン形成のための利害調整が容易ではないことを論じたものとして，Crews [2001] を参照．

いては，政府の調停等の手段により合意形成を促進することのほか，DMCA512条(i)(1)におけるプロバイダの免責要件としての技術的手段の導入に見られた，関係するステイクホルダーの間での合意形成を促すような，私的秩序の出発点となる法制度の設計を行うなどの対応を考慮するべきだろう．

9.1.6　失敗によって生じうる損害の大きさ・不可逆性

　自主規制はそのエンフォースメントの側面において，政府規制と比較して相対的に脆弱であらざるをえない．自主規制が「失敗」した場合には，何かしらの形での損害，典型的には消費者の権利利益の侵害という結果をもたらす．自主規制の失敗に際しては多くの場合政府による追加的介入や新規立法，あるいは訴訟による損害の回復が予定されているが，生じた損害がそのような事後的対応によって回復可能であるかという点が問題になる．生じうる損害が比較的軽微であったり，あるいは原状回復措置や金銭的補償によって回復可能であれば[249]，そのような事後的対応に裏打ちされた自主規制による対応は許容されるかもしれない．しかし，その損害がきわめて大きい，あるいは人の身体・生命などに関わる不可逆的な問題である場合においては，確実な問題抑止を優先するという観点から，自主規制の選択肢は実質的に採りえない．

9.1.7　自主規制を行うインセンティブの存在

　自主規制を行うこと自体は，産業界や企業にとっては追加的なコストの支払いや事業活動の制約を意味するため，積極的なインセンティブが必ずしも存在するわけではない．そのため本書で取り扱った事例の多くでも見られたように，新しい政策課題の表面化にともない，政府機関が業界団体や個別企業に対して自主規制の実施を要請する，あるいは法制度によって義務付けるなどの手段が採られてきた．しかしそのような明示的な要請・義務付けのほかにも，政府が間接的，あるいは暗黙的に自主規制のインセンティブを創出する手段は存在する．

---

[249] 損害の不可逆性が制度設計に与える影響について広く論じたものとして，Sunstein [2008] を参照．

第一に，政府によって立法された法制度が，意図的に予定された形で，あるいは意図せぬ形で自主規制を行う可能性を残している場合である．第6章で検討した各国のプロバイダ責任法制は，サービス上で行われた違法な行為やコンテンツに対してプロバイダが免責を受けるための要件を規定しているものの，その具体的な手続について必ずしも詳細な規定を置いているわけではない．そのような場合において，プロバイダの側は確実な免責を受けるために，政府あるいは権利者等との協議によって，具体的な手続や要件を定めた自主規制ルールを形成する動機が生じる．

第二に，自主規制が適切に行われなかった場合には直接規制が行われると十分に予期されうる状態，いわゆる規制の影の提示である．新たに直接規制が行われることは，従来行われていたビジネスそのものを禁止する，あるいは禁止はされないとしてもそれにかかるコストを増大させるなどの理由で，企業側にとっての不利益をもたらしうるため，それを避けるためにできる限り緩やかな形で自主規制による問題の抑止と解決を行う動機が生じる．その規制の影は，政府によって公式あるいは非公式に産業界に伝達される場合もあるし，あるいは消費者の反応や社会的状況から，企業自身が能動的に自主規制の必要性を認識する場合もある．

9.2 生じうる弊害への対応

以上のような産業の特質を注意深く把握し，実効的かつ効率的なコントロール・ポイントを見出し（あるいは業界団体等のコントロール・ポイントを創出し），それらが行う自主規制に対する公的コントロールに基づく共同規制関係を構築することにより，第1章で論じたような自主規制のリスクの多くは回避され，当該政策目的が成功裡に達成される可能性は高まると考えられる．しかし共同規制という政策手法は，多数のステイクホルダーの複雑な相互作用の中で形成されるため，実効的なコントロールに基づき当為の政策目的が達成されたとしても，その実行過程において，政府が事前に想定しない二次的弊害を生み出す可能性がある．

9.2.1 利用者の保護

　第一に問題となるのは，利用者の権利利益の保護である．プライバシー保護のような消費者保護の強化そのものが政策目的の主眼となっている場合には，事前的検討の段階において十分に配慮された共同規制が設計されることが期待できる一方，本書で取り扱ったインターネット上の規制問題には，著作権侵害と表現の自由の兼ね合いをはじめとして，その共同規制によって保護しようとする権利と，利用者の利益との間での矛盾が生じる場合も少なくない．第6章で検討したUGCサービスにおける著作権侵害対策の問題や，ISPレベルでのP2P著作権侵害の問題に対する自主規制での対応では，主としてUGCサービス運営者と著作権者の間での利害調整に焦点が置かれることが多く，過剰な削除やブロッキングによる表現の自由に対する実質的制約という事態を回避する必要があることを指摘した．個別コンテンツの過剰削除という問題であれば，当該自主規制に対して消費者からの苦情受付窓口の創設を求める，あるいは消費者保護法制や契約約款規制のような部分的対応によっても解決可能であると考えられる．しかしISPによるインターネット接続の遮断のように，自主規制の失敗によって失われる権利利益が甚大である場合には，英国のDEAに基づく共同規制や，フランスのHadopiに代表される直接規制の手法により，そのような害悪の抑止・解決のために政府がより強い役割を果たす必要性は高まる．

　さらに青少年有害情報対策の問題（第4章・第7章）のような，インターネット上の利用者のある一部のカテゴリーの保護を目的とする場合には，それ以外の利用者が受ける影響に対しても配慮をする必要が生じる．インターネット上の個別利用者は画一的な存在ではなく，問題の性質によっては利用者の属性や集団ごとにその利益や主張が相反する場合もある．これは自主規制ルールの策定や共同規制を担う第三者機関に，消費者団体等の利用者の利益を代弁する主体の参加を促す場合において，その利用者利益の多様性を注意深く観察したうえでの制度設計を行う必要性を示唆する．特に青少年有害情報や児童ポルノといったセンシティブな表現問題に関わるルール策定においては，社会的正当性を得やすい側の意見は強く主張される一方，それらへの強い規制に反対する側において，いわば沈黙の螺旋を生じる可能性がある．通常の直接規制においては，それがたとえ有害な表現であったとしても事前の検閲等は許されない一方，

政府の働きかけを受けた自主規制や共同規制という手法を採る場合にはそのような公法的制約が存在せず，表現の自由との兼ね合いが十分に考慮されない規制が行われる可能性がある．そのような場合においては，自主規制ルールの策定段階で，表現の自由をはじめとする価値の実現を政府の側が代弁する必要性も生じると考えられる．

9.2.2 交渉力に劣る中小企業の保護

共同規制の結果として利用者の利益が軽視されるリスクは，多くの場合その交渉力の非対称性に由来するが，企業間においても同様の問題は存在する．集合性の高い業界団体や第三者機関のようにコントロール・ポイントが明確である場合においては，政府の側がその競争阻害性や非公正性に配慮するよう求めることによって，事前の担保や事後的是正は比較的容易であると考えられる．しかし第Ⅲ部で検討した，業界団体等の介在しない共同規制関係においては，そのような監視と是正は相対的に困難となる．特にインターネット上においては，一部の巨大なプラットフォームが突出した国際的競争力を持つことが多いため，それらプラットフォームとその他の事業者の交渉力の格差は甚大なものとなる[250]．

第8章で検討したiTunesのDRMの相互運用性の問題は，そのような独占的プラットフォームとその他事業者との交渉力格差を象徴する事例であるといえよう．DRMの回避禁止自体は，インターネット上の著作権侵害に実効的に対応するにあたり，DRMという技術的自主規制の実効性が法制度によって担保される一種の共同規制と見ることができるが，Appleはその制度枠組を元にして，音楽配信プラットフォームとポータブル音楽デバイスにまたがる圧倒的競争力を構築・維持し，その技術的紐帯であるFairPlay DRMの相互運用性や

---

[250] 近年のいわゆるクラウドサービスの利用拡大にともない，クラウド事業者と利用企業との間で結ばれるSLA（Service Level Agreement）の記載事項について我が国の関係省庁がガイドラインを提示していることは，このようなプラットフォーム事業者と一般企業間の交渉力格差に配慮した対応と見ることもできるだろう．「SaaS向けSLAガイドライン」公表について http://www.meti.go.jp/press/20080121004/20080121004.html　さらにオンライン広告プラットフォームの分野において，分散的な広告主企業側が連帯して「広告主の権利章典」を定めることにより，そのような交渉力格差を是正することを論じたものとして，Edelman［2009］を参照．

ライセンス提供を拒み，関連市場における競争阻害の問題を引き起こしてきた．このような弊害のすべてを事前に予見することは困難であり，事後的監視の強化や，競争法等による事後的対応，あるいは EU のデジタルアジェンダにおける相互互換性の推進に見られるような，共同規制構造の見直し・変更によって解決を図ることが必要となるだろう．

9.2.3 過度なコントロールの抑止

　自主規制に対する公的介入のあり方を検討するにあたっては，このようなコントロールの強化と相反する側面とのバランスを念頭に置かなければならない．第 1 章で述べたように，情報社会において自主的なルール形成が不可欠となる大きな理由は，私人の行う自主規制とそれに対する「一定の」公的関与に基づく共同規制による緩やかな対応によって，規制に必要な知識を漸進的に集積していくことの必要性であった．自主規制の失敗に配慮するためのコントロールの過度な強化が，知識発見のプロセスとしての共同規制の価値を毀損することのない制度設計が行われなければならない．

　コントロールの強度のバランスを図る公的介入のあり方として第一に考えられるのは，当該規制枠組によって実現されるべきことがすでに比較的明確になっている部分と，いまだその規制によって達成されるべき内容が明確ではなく，漸進的な知識発見プロセスの中で見出していくことが不可欠な部分を区分し，多層的な共同規制関係を構築することである．欧米の SNS 規制（第 7 章）において，各事業者が現時点において最低限従うべき点を官民が共同で定め，さらにそれ以外の不確定な事項については事業者自身の自主的宣言に委ね，その実行状況に対する継続的な監視を行うという二層構造的共同規制は，このような手法の典型的事例と見ることができる．このような二層構造の設計においては，最低限実現されなければならない一層目については実質的な直接規制となるため，その事項の特定化と表現の自由への配慮等もより十分になされる必要がある．さらに米英の行動ターゲティング広告への対応（第 5 章）のように，抽象的な原則を政府の側が定め，業界団体がその原則を部分的に具体化し，さらに最終的には個別企業のプライバシー・ポリシーによって具体化・実効化されるという階層的具体化の手法は，業界団体という存在を知識発見プロセスの

媒介に用いるという点で注目に値しよう．

9.3 透明性の確保

9.3.1 自主規制の透明化

　共同規制の実現において共通して重視されるべきは，公私の共同規制に関わる多様な側面の透明性の確保であると考えられる．第2章で論じた通り，自主規制は外部に対して十分な情報公開が行われているとは限らず，自主規制内容の不十分性や不公正性，そしてその運用の失敗といった事態が表面化しにくい．私人の行う自主規制に対してそのルールの内容，そして詳細な運用状況の公開を求めることにより，政府機関や消費者による監視ははじめて可能となることも多い．第4章で論じたモバイルコンテンツの有害情報対策においては，強い公的関与に基づく英国の第三者機関方式は，表現の自由への配慮という観点からは望ましくないようにも見えるが，実質的な公的要請に基づく表現規制の透明性という観点からは，FCCの非公式な介入のみによって行われるCTIAの自主規制と比しても，肯定的に評価すべき面が存在する．さらに第7章で論じた欧米におけるSNS分野の公私協定においては，一定の事項を最低基準として定めると同時に，それ以外の事業者ごとの詳細な自主的取り組みについても明示的な宣言を求めている点などは，個別事業者の行う自主規制の透明性を高めるための手法として評価できる．

　さらに，特に業界団体を主体として行われる共同規制の場合には，業界団体という組織ガバナンスそのものの透明性にも配慮する必要がある．その自主規制ルールがいかなる理由で，いかなる利益集団の主張を取り入れて形成されたのかの情報を公開するとともに，外部からの意見聴取の機会を設ける等の形で透明性を確保することが求められるべきだろう．さらに当該業界団体が自主規制ルールのエンフォースメントを担っていた場合，ルール違反に対する罰則規定の適用において，影響力の強い企業を有利に取り扱うなどの事態も考慮しなければならない．第3章で検討した英国のAVMS指令の国内法化において，Ofcomの働きかけの下にATVODの大幅なガバナンス改革が行われていること，そしてASAの運営においても運営資金の徴収業務を独立した団体に委ね

ることで中立性への配慮を行っていることは，このようなガバナンスの透明性確保のあり方を検討するにあたり示唆を有すると考えられる．

9.3.2　競争圧力による自主規制の適正化
9.3.2.1　利用者による能動的選択可能性の確保

　Mayer-Schönberger［2008: 720-724］が，レッシグの規制枠組（第2章）のうち特に市場に関わる議論を再構築する中で強調する通り，市場圧力が経済活動の自主規制を適正化するためには，その前提として利用者による能動的選択の可能性を担保することが必要となる．このような市場圧力による自主規制の適正化は，個別の利用者の場合のみならず，既存の大企業やグローバルに活動する巨大なプラットフォーム企業と比して，交渉力に劣る中小企業等に対する配慮としての役割をも果たしうる[251]．

　第一に，消費者が能動的選択を行うためには当該市場が競争的でなければならない．もしSNS市場にFacebook以外の企業が存在しない，あるいはもし存在したとしてもFacebookとの代替性が高くなければ，SNSを利用したい消費者はFacebookの行う自主規制内容（あるいはその不在）を受け容れることしかできないし，もし検索エンジンがグーグルしか存在しなければ，消費者はグーグルの検索アルゴリズムと検索結果の取り扱い指針を受け容れることしかできない．第8章で論じた音楽配信プラットフォームに加え，OSや検索エンジンをはじめインターネット上のさまざまな分野で論じられる独占的プラットフォームへの競争法適用のあり方は，古典的な意味での市場競争の実現のみならず，消費者がいかなる自主規制に従うかの選択肢を創出することで，自主規制の適正化を図るための公的介入手法としての意味合いをも持ちえるのである．

　第二に，能動的選択を行うための企業の振る舞いの透明性である．当該産業がいかに競争的であったとしても，個別企業の行う自主規制に関する情報が十分に公開されていなければ適正な選択が行われることは期待できない．企業の活動すべてに関わる透明性を義務付けることはできないとしても，SNS分野の公私協定において求められる事業者の自主的宣言（第7章）や，個人情報取扱に

251）　このようなルール形成を行う私的主体間の競争については，後藤［2003: 45-50］等を参照．

関わるプライバシー・ポリシー提示の義務付け（第5章）のように，特定活動に関わる情報の透明化を担保することは可能である[252]．ただし情報の公開が十分に行われていたとしても，上述のような消費者の認知限界の問題に対応するためには，政府機関や消費者団体が自主規制へのモニタリングを行うなど，代替的な情報処理の仕組みを検討する必要がある．

9.3.2.2 「底辺への競争」の回避

以上のような市場的圧力，いわば自主規制の制度間競争による淘汰と適正化は，個別企業の行う自主規制については多くが妥当するものの，特定業界における単一の業界団体が行う自主規制については，このような前提は適用困難であろう．これは個別企業と比して，業界団体が行う自主規制内容を自律的に適正化するための，法・規範・市場・アーキテクチャの4要素のうちの1つが欠けていることを意味する．それがゆえに，まさに産業組織論が独占企業のガバナンスや価格決定に対する公的介入を重視してきたのと同じ意味において，すでに論じたような業界団体のガバナンス，そして自主規制の形成や実効化に対する一定の公的監視と介入がより強く求められるのである．

これは同時に，一般的な自主規制研究の中ではあまり着目されてこなかったであろうもう1つの競争，すなわち業界団体間の競争という事象を照らし出すことになる．自主規制を行う業界団体には，当該産業分野で活動する事業者にとって（実質的な）強制加盟の団体が存在する一方，特に情報産業のような変化の激しい業界においては任意加盟の団体が多く，もし実質的な強制加入性を有するものであったとしても，行動ターゲティング広告分野においてNAIの後にIABをはじめとする別の業界団体の自主規制ルールが発表されたように（第5章），複数の団体から選択可能な場合もある．そのような環境においては，上で論じたような企業間の競争圧力による自主規制の適正化が，業界団体レベルにおいても生じる可能性を示唆する．つまり政府の側としては，共同規制関係

---

[252] このほかにもたとえば米国のEmergency Planning and Community Right to Know Actのように，企業の環境汚染に関する情報開示を義務付けることによって，消費者の選択圧力を高め環境汚染縮減を図る規制手法をプライバシー保護分野に導入する議論として，Hirsch [2006: 57-59] を参照．

を構築する業界団体が当該産業内に複数存在する状況を作り出し，それらの間での競争を促すという手法が視野に入るのである．

一方で，その主体が個別企業か業界団体かにかかわらず，自主規制を行う主体間の競争が有する多面的性質にも留意する必要がある．ある主体の行う自主規制とは，(1)当該産業の顧客である消費者に受け容れられる必要があると同時に，(2)選択肢を有する（潜在的）加盟企業に対しても受け容れられるものでなければならない．そのような意味において，業界団体間の競争とは，第8章で論じた多面市場に該当すると理解できる．消費者にとっての業界団体の価値と，企業にとっての業界団体の価値は，一致する場合もある一方，両者の利害が相反する場合も少なくない．たとえばある業界団体のプライバシー保護や有害コンテンツへの強固な自主規制ポリシーが消費者にとって望ましい内容であったとしても，強い自主規制は企業の活動を広範に制約し，収益機会を損ねる可能性がある．

消費者と企業の間での力関係が一定程度均衡していれば，競争関係にある複数の業界団体それぞれにおいてバランスのとれた自主規制ポリシーが形成・実効化される可能性もある．しかし多くの状況において消費者の側は，情報の入手・利用可能性をはじめとして，企業側よりも劣後していると考えるべきだろう．そこでは企業にとってより有利な条件を提示した業界団体に競争優位が発生するという，国際的な経済活動における租税回避地としてのタックス・ヘイブン問題において指摘されるような，「底辺への競争（race to the bottom）[253]」の問題が妥当する可能性がある．業界団体間の競争に基づく適正化の手法を採るのであれば，このような多面的市場としての業界団体のインセンティブ構造を前提とした制度設計を行う必要がある．

---

253) インターネット上の「底辺への競争」の問題と，国際的連携を通じた対応のあり方を広く論じたものとしては，Drezner [2004] 等を参照．さらにこの点については，国家間や米国の各州間でより優れた制度を構築することにより，企業等の誘致を図るいわゆる制度間競争（institutional competition）についての議論が参考になるだろう．特に米国において高い企業本社誘致能力を誇るデラウェア州の商法典についての制度間競争の観点からの分析につき，Roe [2003] を参照．

9.3.3 形式的透明性から実質的透明性へ
9.3.3.1 消費者の認知限界への対応

　ここまでは主に，自主規制を行う主体が外部に対し「情報を公開する」形での透明性を論じてきた．しかし自主規制の影響を受ける消費者や関係企業，あるいは自主規制を監視する立場にある政府機関が有する情報処理能力は限られている．特に技術進化の速度と専門性の高いインターネット分野において，単に事実情報を公開するのみの「形式的な」透明性で，適切な公私の共同規制関係を実現していくことには限界があると考えるべきだろう．より実質的な透明性の確保と，それに基づく自主規制の適正化を図っていくためには，より受け手の側の実情に即した透明性確保の手段が求められる．

　第一に問題となるのが，特に情報処理能力に関わる認知限界が顕在化しやすい，個別の消費者からの実質的透明性をいかに確保するかである．消費者はインターネット上の多様なサービスを利用するにあたり，サービス利用規約やプライバシー・ポリシー，アーキテクチャの設計など，さまざまな経路を通じて自主規制の影響を受けることになるが，それらは通常膨大な情報量を含んでおり，個別の消費者がそれらを逐一認識することは実質的に不可能である．さらに本書の多くの事例で確認してきたように，自主規制の実質的部分は明文化されたルールそのものよりも，個別の事例ごとに企業や業界団体が行う判断や運用実態によって形成されることが多く，そのような動態的状況を消費者が継続的に把握することはより一層困難となる．

　第5章で論じた欧米における行動ターゲティング広告に関わる共同規制は，消費者の認知限界の問題への対応として示唆に富む．そこでは個別企業が提示するプライバシー・ポリシーが重要な役割を果たしていたが，その内容はきわめて複雑かつ多くの情報を含んでおり，個々の消費者が理解することが現実的ではないことが問題視されてきた．FTC法5条に基づいて，FTCが事業者のプライバシー・ポリシー違反に対する訴訟を提起する権限を有していることは，単にエンフォースメントの強化というのみならず，プライバシー・ポリシーを政府機関が消費者の代理人として解読・実効化するという，消費者の認知限界の問題への対応という側面をも併せ持つものと評価されるべきであろう．

　消費者の認知を代理することは，政府機関のみならず，消費者団体のような

消費者の利益を集合的に代弁する主体によっても行われる．第6章で論じた UGC 原則において，EFF をはじめとする消費者団体が，フェアユースへの配慮が十分ではないとして Fair Use Principle を提案し抵抗を行ったこと，NTD プロセスに基づく誤った削除に対して消費者団体が訴訟を提起していたことなどは，消費者による自律的な実質的透明性確保と，自主規制の適正化のための動きと見ることができる．ただし，このような情報政策分野の消費者団体の活動が活発な分野や国は必ずしも多くはなく，我が国を含む多くの国々においては，政府の側がその役割を代替的に果たしていく必要があるだろう[254]．

政府機関や消費者団体などの第三者による認知の代替という手段のほかにも，近年のプライバシー分野の自主規制に関わる議論に見て取れるような，インターネットサービスの設計そのものを消費者保護に適合的とするよう求める Privacy by Design[255]の取り組みのように，アーキテクチャの設計によって認知限界への対応を行うという手法も，情報社会においては重要な役割を果たすだろう．さらに事業者による情報の開示義務を単に契約書等の提示に限るのではなく，その情報が消費者に正しく伝わるよう，できる限りの積極的な説明を求めることも，プライバシー・ポリシーやサービス利用規約が自主規制の重要な位置を占める状況においては，認知限界への対応としての手だてとして考慮の余地がある[256]．

9.3.3.2 積極的な情報開示

業界団体の行う自主規制の実質的透明化を図るためには，認知限界の問題が顕在化しやすい個別の消費者以外に対しても，情報開示のあり方について一定の規律付けを行う余地がある．特に英国の共同規制においては，自主規制を担

---

[254] Braithwaite［2006: 888］は同様の問題意識の下，消費者団体の活発でない途上国においては共同規制のような政策手法が適切に機能しえない可能性を認めつつも，先進国の消費者団体が国境を越えて活動し，それらの国々の消費者との国際的連携を図ることにより，消費者側の利益を自主規制に反映させることが可能であることを指摘する．
[255] 詳細については ICO［2008］等を参照．
[256] 欧州におけるインターネット上の媒介者全般に課せられるセキュリティ，ID 詐欺，児童ポルノ，著作権，盗品販売に関わる注意義務（Duties of Care）の拡大についての議論として，Van Eijk et.al.［2010］を参照．

う業界団体や第三者機関に対して，ほぼいずれのケースにおいてもその運用状況や違反行為，それに対する罰則等に関わる定期的な報告書の提出を義務付けていた[257]．欧州 SNS 原則（第 7 章）の履行状況の事後評価に見えるように，自主規制の実施状況を第三者の研究機関等が評価するなどの手法も，評価の独立性を担保するという意味において有用であろう．さらに英国の Digital Economy Act（第 6 章）をはじめとする複数の事例に見られる通り，業界団体や個別企業における自主規制への苦情受付窓口創設を義務付けることは，共同規制の影響を受ける最終的な被規制者の声を顕在化させるうえで，不可欠な対応であると考えられる．

このような自己評価と第三者監視のメカニズムは，自主規制内容の公正性を高めるのみならず，共同規制を用いるメリットの 1 つである，適切な規制を行うための知識発見のプロセスを促進する役割をも併せ持つ．私人の振る舞いに対して完全な透明性を求めることは現実的ではないが，当該政策目的の喫緊性，そして自主規制の失敗によって失われる権利利益の重大性や蓋然性等を考慮し，上記の手法を組み合わせた，適切なレベルでの実質的透明性の確保が求められると考えられる．

9.4 共同規制枠組の構築

9.4.1 規制プロセスの定義

9.4.1.1 政策手法の洗練

従来の自主規制は政府の非公式な働きかけによって行われることが多く，具体的なプロセスやルール内容，そしてその公的関与のあり方に関する知識が公開・蓄積されず，ある種のブラック・ボックスとなっていることが多い．このようなインフォーマルな公私の関係性を排除することは現実的には不可能であり，かつ多様な政策問題への柔軟な対応可能性という観点からは必ずしも望ま

---

257) ATVOD および ASA（第 3 章），IMCB（第 4 章），Digital Economy Act における著作権侵害への段階的対応（第 6 章）等を参照．行動ターゲティング広告への対応については，業界団体である IAB 自身が自主規制原則において評価報告書を独立の OBA Board に提出することを定めていた点（第 5 章）も参照．

しいことではない．しかし従来自主規制として一括りにされてきた公私の協力関係を，その公的関与度合いの強度によって共同規制と自主規制に概念的に区分することは，インターネット上で生じる多様な問題への政策的対応の確立を進めていくための，実践的洗練と社会科学的研究進展の足がかりとなるだろう[258]．

Ofcom［2008a］の分類に見られる「非規制」「自主規制」「共同規制」「政府規制」という分類は，それぞれが相互独立した政策手段という位置付けではない．当該問題の性質とその状況推移を注視しつつ適切な規制手法を選択し，公的関与の弱い自主規制が十分に機能しなかった場合には，より強い公的関与に基づく共同規制に移行するという，段階的対応の政策プロセスを示したものである．したがって自主規制や共同規制を分析し，具体的な制度設計のあり方を検討していくためには，当該規制手法に対してのみ焦点を当てることでは足らず，当該規制手法の選択条件や他の規制手法への移行条件等を検討の視野に入れる必要がある．このようなプロセス的政策手段を考慮するにあたり，比較的弱い政府関与に基づく自主規制と，より強度な政府関与に基づく共同規制という分水嶺を設けることは，厳密な区分は不可能であったとしても，分析の粒度や対象範囲の設定において意義を持つと考えられる．

9.4.1.2　段階的対応の明確化による規制の影の明確化

このような多数の規制手法に基づく段階的対応プロセスの明確化は，民間の行う自主規制の策定やエンフォースメントそのものの強化という効果を持ちえる．第2章で論じたように，民間が自主規制を行うインセンティブには市場的圧力や社会的規範といった複数の要素が影響するものの，特に自主規制が成功裡に機能しなかった場合にはより強い規制が行われるという威嚇的効果（Wu［2011］），あるいは「規制の影」の存在が重要な役割を果たす．自主規制が機能しない場合にはより公的関与の強い共同規制を，共同規制すら機能しない場合には直接規制を行うというプロセスを事前に明示しておくことは，このような

---

[258]　曽我部［2010: 658］も，同様の観点から我が国において共同規制という概念を導入する有用性を論じている．

規制の影をより明確化させ，自主規制のインセンティブの向上に資するものと考えられる．

9.4.2 公法的制約の範囲
9.4.2.1 自主規制と共同規制
　緩やかな公的関与に基づく自主規制を通じた規制政策の実現は，不可避的にその責任の所在を不明確とする．純粋な自主規制によって過剰な規制や誤った規制が行われた場合，その抑止・解決の責任は第一義的には当該企業や団体に帰することになるが，一方で政府の関与が強い場合には，その責任は部分的に国家の側にも帰せられるはずである．このような責任の所在の設定は，規制行為に対する公法的制約の有無という違いをもたらすことになる．

　規制主体が政府である場合には，検閲をはじめとする表現の自由に対する強度の規制は行えない一方，その規制主体が民間である場合には，そのような制約は原則として存在しない．しかし自主規制や共同規制のように，国家からの何らかの働きかけを受けて行われる民間の自主的な表現規制を公法的観点からいかに評価するかは必ずしも定かではない．自主規制という政策手段に対して何らの公法的制約が課されないことには明らかな問題があるし，逆に公私の多様な関係性によって行われる自主規制全般に対してそのような規制を課すことは，私人の自由を過度に制約することになるため，公法的制約が及ぶ自主規制行為の適切な範囲設定を行う必要がある．

　このような問題に対応するにあたり，自主規制と共同規制の概念的区分は一定の示唆を与えることだろう．すなわち，自主規制の場合には原則として私人の振る舞いに対して公法的制約は課されず，共同規制の場合には一定の公法的制約が課されるといった区分を仮に設定することが考えられる．私人の自発性を原則とする自主規制，それに対する一定の公的関与をともなう共同規制という概念区分は必ずしも明確ではなく，仮にそのような区分が明確化可能であったとしても，それによっては解決できない問題，たとえば暗黙的ではあるが強い政府からの介入・要請をいかに評価するかといった問題は残る．さらに公法的制約からの逃避という問題を考慮した際，そのような区分を設定することには，表現規制を行う際に，できる限り明示的な関与を行わず，より巧妙に公法

的制約を回避しようとする政府の行動を引き起こす可能性をも視野に入れる必要があるだろう．

しかしそれでも，私人の行う規制行為に対する公法的制約という問題を検討するにあたり，共同規制という段階を設けることには以下の点で意義があると考えられる．第一に，政府が表現行為をはじめとする公法的制約の強い領域において自主規制での対応を志向する際には，その責任の所在を明確とし，自主規制と共同規制のいずれを想定した規制であるかを事前に明確に宣言するよう，規範的に求めることが考えられる．第二に，政府の働きかけによって行われた自主規制の意図せざる結果として，過度の規制や誤った規制が行われることが十分に予想される場合には，共同規制による対応を選択し，その害悪を抑止・解決するための方法論を事前に提示することも考えられる．EU の共同規制において，私人の策定する自主規制に政府機関が公式の承認を行っていることは，そのような害悪を抑止するための方法論であると理解できるだろう．

9.4.2.2　自主規制への逃避の回避

このような公法的制約の強弱や二次的弊害への対応責任の有無を，共同規制と自主規制で分けようとした場合，政府の側としてはできる限り明示的な関与を避け，あくまで非公式な関与や暗黙的な圧力に基づく自主規制によって目的を達成しようとする事態をもたらす可能性がある．このような事態を回避するためには，自主規制と共同規制の間で政策手法を選択する際の基準を定め，それに該当する場合には原則的に共同規制での対応を行うことを明示的に宣言するよう，政府の側に要請する制度設計が考えられる．

その基準として第一に考えられるのは，当該自主・共同規制によって達成する必要がある政策目的の喫緊性や重要性である．たとえば国際条約の批准によって国内法における対応が義務付けられた事項について，業界団体等に対する緩やかな働きかけに基づく自主規制のみによってその実現を図ることは困難であろう．第 1 章で確認した，EU の指令を国内法化する際の共同規制の活用にあたって求められる要件のように，国際条約等の規律を国内法化するには，その条約の性質や当該分野の状況を精査したうえで，共同規制あるいは直接規制による対応を選択することが適切であると考えられる．

第二に，自主規制の失敗によって失われる権利利益の重大さ，あるいは自主規制の結果として引き起こされる二次的害悪の蓋然性の高さである．前者の例としては，第 6 章で論じた P2P の著作権侵害に対して行われるインターネット接続の遮断を挙げることができる．インターネット接続の権利は，近年国際的にもその人権的観点からの重要性が論じられており[259]，たとえ著作権侵害という違法行為への対応であっても，その遮断等の措置を行うにあたっては，公的な監査を含んだ形での慎重な対応が行われるべきだろう．後者の例としては，モバイルコンテンツにおける青少年有害情報対策が該当するものと考えられる．ある情報の有害性の有無の判断は，政府はもとより民間の事業者の側にも一義的にはなしえない．そのため誤ったブロッキングが生じる蓋然性は不可避的に高く，さらにその自主規制自体も，モバイル産業の強いボトルネック性を理由として広汎かつ強い影響力を持つ．英国の IMCB のような政府関与度合いの強い第三者機関を介した共同規制手法が採られる理由は，こうした二次的弊害の蓋然性の高さに由来すると理解できるだろう．

　第三に，自主規制に対する政府の実質的関与の強度である．特に米国や我が国の行動ターゲティング広告への対応，あるいは我が国の青少年ネット環境整備法におけるモバイルコンテンツ自主規制の促進等は，制定法によってその詳細な規定が定められていなかったとしても，その実質的政府関与の度合いに鑑みると，すでに民間による「自主的な」規制として理解することには現実的な不合理が存在する．さらに監督省庁と事業者・業界団体の固定的な関係性を理由として，形式的には政府関与が少ない非公式な要請に基づく自主規制であったとしても，実質的な強制力をもって行われる場合もある．このような実質的な政府の関与度合いが高いと認められる場合には，その二次的弊害への対応のあり方をも事前に考慮した，共同規制による対応を行うことが適切であろう．

9.4.3　今後の課題——国際的整合性の確保

　共同規制は公私の複雑な協働関係の中で形成されるがゆえに，国際的な非整

---

[259]　インターネット接続の自由（Freedom of Connection）をめぐる国際的議論状況と，表現の自由との関連の整理として，UNESCO（国際連合教育科学文化機関）のプロジェクトの一環として作成された Dutton et.al.［2011］を参照．

合性や，海外から見た場合の不透明性を生じる可能性は通常の直接規制よりも不可避的に高いものとなる．通常の法規制の場合，国際的整合性の確保のためには，国際条約を通じた整合化が行われることが多いが，国際条約は多くの場合国内法よりも修正や撤廃が困難であるため，情報社会において自主規制が必要とされる主要な要因の1つであった規制の柔軟性とは相矛盾する．さらに有害情報の定義やプライバシーの概念は各国の価値観や歴史的背景によっても大きく異なることから，国際的な平準化を図ること自体が困難な場合がある．このような共同規制の国際的非整合は，今後のクラウド・コンピューティングをはじめとする国際的情報流通の拡大の中で，より大きな問題となるものと考えられる．さらに第8章で論じたようなグローバルなプラットフォームへの実質的規制可能性の問題を視野に入れた場合，一国における政策目的の実質的達成を図るためには，何らかの国際的協調が不可欠となる場合もある．

　共同規制の国際的整合性を図るために考えられる第一の方向性は，各国の共同規制関係で形成されたルールについて，取引が行われる国家間での相互承認を行うことである．EUのデータ保護指令においては，十分な個人情報保護水準を持たない第三国とのデータ取引を禁じていたことから，包括的な個人情報保護法制を持たない米国との関係性が問題となった結果，一定の保護水準を満たしたと認められた企業に限りEUとのデータ取引を可能とするという，セーフハーバー協定での対応が行われている．このような相互承認の方法論は，各国の独自性を保ちつつ一定の国際的平準化を図る手段として有用性を持つと考えられるが，今後西洋諸国以外の国々においてもインターネット利用が拡大する中で，多国間の相互承認関係が過度に複雑化しないかという問題は残る．

　第二の方向性は，業界団体の側で国際的連携を図ることにより共通の自主規制基準を策定する，あるいは国際機関等が条約以外の方法で共通の自主規制ルールを形成し，その内容に対し各国が認証や監視を行うことである．越境的なプライバシー保護の領域においてAPEC（Asia Pacific Economic Cooperation）が2009年に開始したAPEC Data Privacy Pathfinder Projects（APEC [2009]）[260]や，広告業界団体の国際的ネットワークであるWFAが行動ターゲ

260）　同プロジェクトは9つのサブプロジェクトから構成されており，そのうちSelf-assessment

ティング広告に関わる共通原則を定めようとしていること（第5章）などは，その萌芽的事例と見ることができる．このような対応は自主規制が団体を通じて行われている場合に限らず，第7章で取り扱ったSNS事業者とEU・米国各州との公私協定のように，個別のプラットフォーム企業等が全世界的な自主規制ルールを明文化し，各国政府に承認を求めることも考えられるだろう．

情報社会における共同規制に対する実践とその理論的体系化はいまだ各国においても途上であり，その国際的整合性の確保についても十分な実践的蓄積が存在するとはいいがたい．国際的な政策実践の進展を注視しつつ，今後の研究課題としたい．

---

guidelinesプロジェクトではAPECの策定するCBPR（越境プライバシー・ルール）への適合自主審査ガイドラインを定めるほか，Trustmark guidelinesプロジェクトではCBPR遵守者に対するトラストマーク付与を行う体制を構築し，Compliance review of CBPRプロジェクトでは同マーク保持者に対する継続的な審査の手続を定めることとしている．ただし同プロジェクトが行動ターゲティング広告等に用いられるNon-PIIのような，流動性の高い新たな問題への対応を視野に入れているかは定かではなく，各国の多様な対応をトラストマークという手法で平準化可能であるかは今後の課題であるといえよう．これ以前にもAPECは，2005年のAPEC Privacy Framework（APEC [2005]）等において，各国が行政的手法と自主規制を組み合わせたプライバシー保護の枠組を策定することを推進してきた．OECDの取り組みとの比較検討につき，Tan [2008] を参照．

参考文献

[1] Ahlert, Christian et. al. [2004] How 'Liberty' Disappeared from Cyberspace: The Mystery Shopper Tests Internet Content Self-Regulation.
http: //www. rootsecure. net/content/downloads/pdf/liberty_disappeared_from_cyberspace.pdf

[2] Angelopoulos, Christina [2009] Filtering the Internet for Copyrighted Content in Europe, *IRIS plus*, Issue 2009-4.

[3] Anonymous [2008] The Principles for User Generated Content Services: A Middle-Ground Approach to Cyber-Governance, *Harvard Law Review*, Vol. 121, pp. 1387-1408.

[4] APEC [2005] APEC Privacy Framework.
http://www.ag.gov.au/www/agd/rwpattach.nsf/VAP/(03995EABC73F94816C2AF4AA2645824B)˜APEC + Privacy + Framework.pdf/$file/APEC + Privacy + Framework.pdf

[5] APEC [2009] APEC Data Privacy Pathfinder Projects Implementation Work Plan.
http://aimp.apec.org/Documents/2009/ECSG/SEM1/09_ecsg_sem1_027.doc APEC

[6] Apple [2010] Form 10-K: ANNUAL REPORT PURSUANT TO SECTION 13 OR 15 (d) OF THE SECURITIES EXCHANGE ACT OF 1934.
http://phx.corporate-ir.net/External.File?item=UGFyZW50SUQ9NjclMzN8Q2hpbGRJRD0tMXxUeXBlPTM=&t=1

[7] Armstrong, Timothy K. [2006] Digital Rights Management and the Process of Fair Use. *Harvard Journal of Law & Technology*, Vol. 20, pp. 49-121.

[8] Article 29 WP [2006] Opinion 8/2006 on the review of the regulatory Framework for Electronic Communications and Services, with focus on the ePrivacy.

[9] Article 29 WP [2007] Opinion 4/2007 on the concept of personal data.

[10] Article 29 WP [2008] Opinion 1/2008 on data protection issues related to search engines.

[11] Article 29 WP [2009a] Opinion 2/2009 on the protection of children's personal data.

[12] Article 29 WP [2009b] Opinion 5/2009 on online social networking.

[13] Article 29 WP [2010] Opinion 2/2010 on online behavioural advertising.

[14] Ayres, Ian and Braithwaite, John [1992] *Responsive Regulation: Transcending the Deregulation Debate*, Oxford University Press.

[15] Bennett, Colin J. [2008] *The Privacy Advocates: resisting the spread of surveillance*, MIT press.

[16] Benkler, Yochai [2002] Coase's Penguin, or, Linux and The Nature of the Firm, *Yale Law Journal*, Vol. 112, pp. 369-446.
[17] Benkler, Yochai [2011] A Free Irresponsible Press, *forthcoming in Harvard Civil Rights-Civil Liberties Law Review*.
[18] Bonnici, Jeanne Pia Mifsud [2008] *Self-Regulation in Cyberspace*, TMC Asser Press.
[19] boyd, danah. m., & Ellison, Nicole B. [2007] Social network sites: Definition, history, and scholarship. *Journal of Computer-Mediated Communication*, 13 (1), article 11. http://jcmc.indiana.edu/vol13/issue1/boyd.ellison.html
[20] Blázquez, Francisco [2008] User-Generated Content Services and Copyright, *IRIS plus*, Issue 2008-5.
[21] Bracha, Oren and Pasquale, Frank A. [2008] Federal Search Commission? Access, Fairness and Accountability in the Law of Search, *Cornell Law Review*, Vol. 93, pp. 1149-1210.
[22] Braithwaite, John [2006] Responsive Regulation and Developing Economies, *World Development*, Vol. 34, No.5, pp. 884-898.
[23] Brown, Brandon [2008] Reevaluating the DMCA in a Web 2.0 World, *Berkeley Technology Law Journal*, Vol. 23, pp. 437-468.
[24] Cafaggi, Fabrizio [2006] Rethinking Private Regulation in the European Regulatory Space, *EUI Law Working Papers*, No.2006/13.
[25] Casarosa, Fedelica [2011] Protection of Minors Online: Available Regulatory Approaches, *EUI Working Paper*, RSCAS 2011/5.
[26] Crews, Kenneth D. [2001] The Law of Fair Use and the Illusion of Fair-Use Guidelines, *Ohio State Law Journal*, Vol. 62, pp. 602-.
[27] CTIA [2005] Guidelines for Carrier Content Classification and Internet Access. http://files.ctia.org/pdf/CTIA_Content_Classification_Guidelines.pdf
[28] CTIA [2008] Best Practices and Guidelines for Location-Based Services. http://www.ctia.org/business_resources/wic/index.cfm/AID/11300
[29] DCMS [2008] Public consultation on implementing the EU audiovisual media services.
[30] Debatin, Bernhard et.al. [2009] Facebook and Online Privacy: Attitudes, Behaviors, and Unintended Consequences. *Journal of Computer-Mediated Communication*, 15 (1), pp. 83-108.
[31] DeBeer, Jeremy F. and Clemmer Christopher D. [2009] Global Trends in Online Copyright Enforcement: A Non-Neutral Role for Network Intermediaries?, *Jurimetrics Journal*, Vol. 49, pp. 375-409.
[32] Deibert, Ronald J. et.al. [2010] *Access Controlled: The Shaping of Power, Rights, and Rule in Cyberspace*, MIT Press.
[33] DeNardis, Laura [2009] *Protocol Politics: The Globalization of Internet Governance*,

MIT Press.
[34] Dept. of Children, Schools and Families [2008] Safer Children in a Digital World: The Report of the Byron Review.
https://www.education.gov.uk/publications/standard/publicationdetail/page1/DCSF-00334-2008
[35] Drezner, Daniel [2004] The Global Governance of the Internet: Bringing the State Back In, *Political Science Quarterly,* Vol. 119, No.3, pp. 477-498.
[36] DTI [2002] A Guide for Business to the Electronic Commerce (EC DIRECTIVE) Regulations 2002.
http://www.bis.gov.uk/files/file14635.pdf
[37] DTI [2006] Consultation Document of the Electronic Commerce Directive: The Liability of Hyperlinkers, Location Tool Services and Content Aggregators: Government response and summary of responses.
http://www.berr.gov.uk/files/file35905.pdf
[38] Dutton, William et.al. [2011] Freedom of connection, freedom of expression: the changing legal and regulatory ecology shaping the Internet.
http://unesdoc.unesco.org/images/0019/001915/191594e.pdf
[39] Easterbrook, Frank [1996] Cyberspace and the Law of the Horse, *University of Chicago Legal Forum,* 207.
[40] Edelman, Benjamin G. [2009] Towards a Bill of Rights for Online Advertisers.
http://www.benedelman.org/advertisersrights/
[41] Edwards, Lilian [2009] The Fall and Rise of Intermediary Liability Online, *Law and Internet Third Edition* (Lilian Edwards and Charlotte Waelde eds.), Hart Publishing, pp. 47-88.
[42] Edwards, Lilian and Waelde, Charlotte eds. [2009] *Law and Internet Third Edition,* Hart Publishing.
[43] EFF et.al. [2007] Fair Use Principles for User Generated Video Content.
http://www.eff.org/issues/ip-and-free-speech/fair-use-principles-usergen
[44] EFF [2009] In the Matter of Implementation of the Child Safe Viewing Act; Control Technologies for Video or Audio Programming.
http://fjallfoss.fcc.gov/ecfs/document/view?id=6520216901
[45] EFF [2010] Facebook's Eroding Privacy Policy: A Timeline.
http://www.eff.org/deeplinks/2010/04/facebook-timeline
[46] Eisenmann, Thomas et.al. [2007] Platform Networks – Core Concepts, *MIT Center for Digital Business Research Paper,* Paper 232.
http://ebusiness.mit.edu/research/papers/232_VanAlstyne_NW_as_Platform.pdf
[47] ENISA [2007] Recommendations for Online Social Networks.
http://www.enisa.europa.eu/act/res/other-areas/social-networks/security-issues-and-

recommendations-for-online-social-networks
[48] Etzioni, Amitai [2004] On Protecting Children From Speech, *Chicago-Kent Law Review* 79 (1), pp. 3-53.
[49] European Commission [1996] COM (96) 487 Communication on Illegal and Harmful Content on the Internet.
http://merlin.obs.coe.int/iris/1996/10/article3.en.html
[50] European Commission [2000] European Union approach to illegal and harmful content on the Internet.
http://www.copacommission.org/meetings/hearing3/eu.test.pdf
[51] European Commission [2001] European Governance: a white paper (COM (2001) 428 final).
http://eur-lex.europa.eu/LexUriServ/site/en/com/2001/com2001_0428en01.pdf
[52] European Commission [2003] COM (2003) 702 First Report on the application of Directive 2000/31/EC of the European Parliament and of the Council of 8 June 2000 on certain legal aspects of information society services, in particular electronic commerce, in the Internal Market.
[53] European Commission [2008a] Commission sees need for a stronger more consumer-friendly Single Market for Online Music, Films and Games in Europe.
http://europa.eu/rapid/pressReleasesAction.do?reference=IP/08/5
[54] European Commission [2008b] Proposal for a DECISION OF THE EUROPEAN PARLIAMENT AND OF THE COUNCIL establishing a multiannual Community programme on protecting children using the Internet and other communication technologies.
http://ec.europa.eu/information_society/activities/sip/docs/prog_2009_2013/decision_en.pdf
[55] European Commission [2008c] Recommendation CM/Rec (2008) 6 of the Committee of Ministers to member states on measures to promote the respect for freedom of expression and information with regard to Internet filters.
[56] European Commission [2009] Empowering and protecting children online.
http://ec.europa.eu/information_society/doc/factsheets/018-safer-internet.pdf
[57] European Commission [2010a] A comprehensive approach on personal data protection in the European Union, COM (2010) 609.
[58] European Commission [2010b] A Digital Agenda for Europe, COM (2010) 245 final/2.
http://eur-lex.europa.eu/LexUriServ/LexUriServ.do?uri=COM: 2010: 0245:FIN:EN:PDF
[59] European Commission [2011] Viviane Reding Vice-President of the European Commission, EU Justice Commissioner The reform of the EU Data Protection Directive: the impact on businesses European Business Summit Brussels, 18 May

2011.
http: //europa. eu/rapid/pressReleasesAction. do? reference= SPEECH/11/349&type= HTML

[60] European Parliament, Council, and Commission [2003] Interinstitutional Agreement on Better Law-Making, 2003/C 321/01.

[61] Evans, David [2002] The Antitrust Economics of Two-sided Markets, *AEI-Brookings Joint Center for Regulatory Studies*, Related Publication 02-13.

[62] Evans, David et. al. [2006] *Invisible Engines: How Software Platforms Drive Innovation and Transform Industries*, MIT Press.

[63] Evans, David and Schmalensee, Richard [2007] *Catalyst Code: The Strategies Behind the World's Most Dynamic Companies*, Harvard Business School Press.

[64] FCC [2009a] NOTIFY OF INQUIRY - Implementation of the Child Safe Viewing Act; Examination of Parental Control Technologies for Video or Audio Programming.
http://hraunfoss.fcc.gov/edocs_public/attachmatch/FCC-09-14A1.doc

[65] FCC [2009b] Review - Implementation of the Child Safe Viewing Act; Examination of Parental Control Technologies for Video or Audio Programming.
http://hraunfoss.fcc.gov/edocs_public/attachmatch/FCC-09-69A1.pdf

[66] FCC [2010] National Broadband Plan 2010.
http://www.broadband.gov/plan/

[67] Fitzdam, Justin D. [2005] Private Enforcement of the Digital Millennium Copyright Act: Effective Without Government Intervention, *Cornel Law Review*, Vol. 90, pp. 1085-1117.

[68] Frydman, Benoit et.al. [2009] Public Strategies for Internet Co-Regulation in the United States, Europe and China.
http://papers.ssrn.com/sol3/papers.cfm?abstract_id=1282826

[69] Frydman, Benoit and Rorive, Isabelle [2002] Regulating Internet Content through Intermediaries in Europe and the USA, *Zeitschrift für Rechtssoziologie*, Vol. 23, pp41-59.

[70] FTC [1999] Self-Regulation and Privacy Online: A Report to Congress.

[71] FTC [2000] Online Profiling: A Report to Congress Part 2 Recommendations.

[72] FTC [2009] FTC Staff Report: Self-Regulatory Principles For Online Behavioral Advertising.

[73] Goggin, Gerald [2009] Regulating mobile content: convergences and citizenship, *International Journal of Communications Law and Policy*, Issue 12, pp. 140-160.

[74] Goldsmith, Jack [1998] Against Cyberanarchy, *University of Chicago Law Review*, No.65, Vol. 4, pp. 1199.

[75] Goldsmith, Jack and Wu, Tim [2006] *Who Controls the Internet?: Illusions of a*

Borderless World, Oxford University Press.
[76] Govani, Tabreez and Pashley, Harriet [2007] Student awareness of the privacy implications when using Facebook, *Carnegie Mellon University*.
http://lorrie.cranor.org/courses/fa05/tubzhlp.pdf
[77] Greif, Avner [2006] *Institutions and the Path to the Modern Economy: Lessons from Medieval Trade*, Cambridge University Press.
[78] Grimmelmann, James [2009] Saving Facebook. *Iowa Law Review*, Vol. 94, pp. 1137-1206.
[79] GSMA Europe [2007a] Press Release – European Framework Builds on Mobile Operator Initiatives to make Mobile Services Safer for Children.
http://www.gsmeurope.org/news/press_07/press_07_02.shtml
[80] GSMA Europe [2007b] European Framework on Safer Mobile Use by Younger Teenagers and Children.
http://www.gsmeurope.org/documents/safer_children.pdf
[81] GSMA Europe [2009] European Framework for Safer Mobile Use by Younger Teenagers and Children: One Year After Implementation Report.
http://www.gsmeurope.org/documents/gsma_implementation_report.pdf
[82] Hans Bredow Institute [2006] Final Report : Study on Co-Regulation Measures in the Media Sector.
http://ec.europa.eu/avpolicy/docs/library/studies/coregul/final_rep_en.pdf
[83] Hetcher, Steven A. [2000] The FTC as Internet Privacy Norm Entrepreneur, *Vanderbilt Law Review*, Vol. 53, No.6, pp. 2041-2062.
[84] Hinduja, Sameer and Patchin, Justin W. [2008] Cyberbullying: An Exploratory Analysis of Factors Related to Offending and Victimization, *Deviant Behavior*, Volume 29, Issue 2, pp. 129-156.
[85] Hirsch, Dennis D. [2006] Protecting the Inner Environment: What Privacy Regulation Can Learn from Environmental Law, *Georgia Law Review*, Vol. 41, No.1, pp. 1-63.
[86] Hirsch, Dennis D. [2011] The Law and Policy of Online Privacy: Regulation, Self-Regulation, or Co-Regulation?, *Seattle University Law Review*, Vol. 34, No. 2, pp. 439-480.
[87] Hughes, Justin et.al. [2007] English Translation of Sabam v. S.A. Tiscali (Scarlet), District Court of Brussels, 29 June 2007.
http://ssrn.com/abstract=1027954
[88] IAB et.al. [2009] Self-Regulatory Principles for Online Behavioral Advertising.
http://www.iab.net/public_policy/behavioral-advertisingprinciples
[89] ICO [2008] Privacy by Design.
http://www.ico.gov.uk/upload/documents/pdb_report_html/privacy_by_design_report_

v2.pdf
- [90] ICO [2009] Privacy notices code of practice.
  http://www.ico.gov.uk/upload/documents/library/data_protection/detailed_specialist_guides/privacy_notices_cop_final.pdf
- [91] ICO [2010] Personal information online code of practice.
  http://www.ico.gov.uk/upload/documents/library/data_protection/practical_application/pio_consultation_200912.pdf
- [92] ICO [2011] Changes to the rules on using cookies and similar technologies for storing information.
  http://www.ico.gov.uk/~/media/documents/library/Privacy_and_electronic/Practical_application/advice_on_the_new_cookies_regulations.pdf
- [93] IMCB [2005] IMCB Guide and Classification Framework for UK Mobile Operator Commercial Content Services.
  http://www.imcb.org.uk/assets/documents/ClassificationFramework.pdf
- [94] ISTTF [2008] Enhancing Child Safety and Online Technologies.
  http://cyber.law.harvard.edu/sites/cyber.law.harvard.edu/files/ISTTF_Final_Report.pdf
- [95] ITU [2009] Guidelines for Industry on Child Online Protection.
  http://www.itu.int/osg/csd/cybersecurity/gca/cop/
- [96] Jacobsen, Søren S. [2008] Restraining Injunction against Internet Service Providers under Danish Law, *IRIS*, Issue 2008-6: 7.
- [97] JIAA [2010] 「行動ターゲティング広告ガイドライン」.
  http://www.jiaa.org/download/JIAA_BTAguideline2010_100603.pdf
- [98] Johnson, David R. and Post, David G. [1996] Law and Borders: The Rise of Law in Cyberspace, *Stanford Law Review*, Vol.48, pp. 1367-1402.
- [99] Johnson, David R. et.al. [2004] The Accountable Net: Peer Production of Internet Governance, *Virginia Journal of Law and Technology*, Vol. 9, No.9.
- [100] Jondet, Nicolas [2006] La France v. Apple: Who's the Dadvsi in DRMs?, *SCRIPT-ed*, Vol. 3, No.4, pp. 473-484.
- [101] Jondet, Nicolas [2008] The Silver Lining in Dailymotion's Copyright Cloud, *Juriscom.net*, April 19, 2008.
  http://papers.ssrn.com/sol3/papers.cfm?abstract_id=1134807
- [102] Jozefczyk, Dana [2009] The Poison Fruit: Has Apple Finally Sewn the Seed of Its Own Destruction?, *Journal on Telecommunications & High Technology Law*, Vol. 7, pp. 369-392.
- [103] Katsh, Ethan [2006] Online Dispute Resolution: Some Implications for the Emergence of Law in Cyberspace, *Lex Electronica*, Vol. 10, No.3.
- [104] Kim, Eugene C. [2007] YouTube: Testing the Safe Harbors of Digital Copyright Law,

Southern California Interdisciplinary Law Journal, Vol. 17, pp. 139-172.
[105] Knight, Frank H. [1921] Risk, Uncertainty and Profit, Harper.
[106] Koops, Bert-Jaap [2009] Law, Technology and Shifting Power Relations. http://ssrn.com/abstract=1479819
[107] Koops, Bert-Jaap et.al. [2005] Should Self-Regulation Be the Starting Point?, *Starting Points for ICT regulation* (Bert-Jaap Koops et.al. eds.), T.M.C. Asser Press, Hague, pp. 109-150.
[108] Kreimer, Seth F. [2006] Censorship by Proxy: The First Amendment, Internet Intermediaries, and the Problem of the Weakest Link, *University of Pennsylvania Law Review*, Vol. 155, No. 11, pp. 11-101.
[109] Lao, Marina [2009] Networks, Access, and 'Essential Facilities': From Terminal Railroad to Microsoft, *Southern Methodist University Law Review*, Vol. 62, pp. 557-.
[110] Lemley, Mark et.al. [2011] *Software & Internet Law, 4th Edition*, Aspen Publishers.
[111] Lens, Sophie and Fossoul, Virginie [2010] Courts look to ECJ as fight against illegal downloading continues, *International Law Office*, 2010/10/4.
http://www.internationallawoffice.com/newsletters/detail.aspx?g=c4173f67-7f9a-4063-8f62-a884b1149157
[112] Lessig, Lawrence [1998] The New Chicago School, *Journal of Legal Studies*, Vol. 27, Issue 2, pp. 661-691.
[113] Lessig, Lawrence [1999a] *Code and Other Laws of Cyberspace*, Basic Books.
[114] Lessig, Lawrence [1999b] The Law of the Horse: What Cyberlaw Might Teach, *Harvard Law Review*, Vol. 113, pp. 501-546.
[115] Levmore, Saul and Nussbaum, Martha eds. [2011] *The Offensive Internet: Speech, Privacy, and Reputation*, Harvard University Press.
[116] Lodder, Arno R. [2002] European Union E-Commerce Directive – Article by Article Comments, eDirectives, *Guide to European Union Law on E-Commerce* (edited by Arno R. Lodder et.al.), Kluwer Law International, London, pp. 67-93.
[117] Mandelkern Group [2001] Mandelkern Group on Better Regulation Final Report. http://ec.europa.eu/governance/better_regulation/documents/mandelkern_report.pdf
[118] Manne, Geoffrey and Wright, Joshua [2010] Google and the Limits of Antitrust: The Case Against the Antitrust Case Against Google, *George Mason Law & Economics Research Paper*, No.10-25.
[119] Marsden, Christopher [2010] *Network Neutrality: Towards a Co-regulatory Solution*, Bloomsbury Academic.
[120] Mathiason, John [2008] *Internet Governance - The New Frontier of Global Institutions*, Routledge.
[121] Mayer-Schönberger, Victor [2008] Demystifying Lessig, *Wisconsin Law Review*, No. 2008 (4), pp. 713-746.

[122] Mayer-Schönberger, Victor [2009] Virtual Heisenberg, *Washington & Lee Law Review*, Vol. 66, pp. 1245-1262.
[123] McGeveran, William [2009] Disclosure, Endorsement, and Identity in Social Marketing, *Minnesota Legal Studies Research Paper*, No.09-04, pp. 1105-1166.
[124] Moran, Michael [2007] *The British Regulatory State: High Modernism and Hyper-Innovation*, Oxford University Press.
[125] Muller, Milton [2002] *Ruling the Root: Internet Governance and the Taming of Cyberspace*, MIT Press.
[126] Muller, Milton [2010] *Networks and States: The Global Politics of Internet Governance*, MIT Press.
[127] NAI [2008] 2008 NAI Principles - The Network Advertising Initiative's Self-Regulatory Code of Conduct.
http://www.networkadvertising.org/networks/2008%20NAI%20Principles_final%20for%20Website.pdf
[128] Netanel. Neil W. [2000] Cyberspace Self-Governance: A Skeptical View from Democratic Theory, *California Law Review*, Vol. 88, pp. 395-498.
[129] Newman, Abraham and Bach, David [2004] Self-Regulatory Trajectories in the Shadow of Public Power: Resolving Digital Dilemmas in Europe and the United States, *Governance*, Vol. 17, Issue 3, pp. 387-413.
[130] Newman, Elizabeth [2009] EC Regulation of Audio-visual Content on the Internet, *Law and the Internet Third Edition* (Lilian Edwards et.al. ed.), Hart publishing, Oxford, pp. 159-179.
[131] North, Douglass [1990] *Institutions, Institutional Change and Economic Performance*, Cambridge University Press.
[132] O2 et.al. [2004] UK code of practice for the self-regulation of new forms of content on mobiles.
http://www.imcb.org.uk/assets/documents/10000109Codeofpractice.pdf
[133] Ofcom [2004] Criteria for promoting effective co and self-regulation.
http://www.ofcom.org.uk/consult/condocs/co-reg/promoting_effective_coregulation/
[134] Ofcom [2008a] Identifying appropriate regulatory solutions: principles for analysing self- and co-regulation.
http://www.ofcom.org.uk/consult/condocs/coregulation/statement/statement.pdf
[135] Ofcom [2008b] UK code of practice for the self-regulation of new forms of content on mobiles Review.
http://www.ofcom.org.uk/advice/media_literacy/medlitpub/ukcode/ukcode.pdf
[136] Ofcom [2009a] Proposals for the regulation of video on demand services.
http://www.ofcom.org.uk/consult/condocs/vod/
[137] Ofcom [2009b] The regulation of video on demand services.

http://www.ofcom.org.uk/consult/condocs/vod/statement/vodstatement.pdf
[138] Ofcom [2010a] Designation pursuant to section 368B of the Communications Act 2003 of functions to the Association for Television On-Demand in relation to the regulation of on-demand programme services.
http://www.ofcom.org.uk/tv/ifi/vod/designation180310.pdf
[139] Ofcom [2010b] Measures to Tackle Online Copyright Infringement: Terms of Reference.
http://stakeholders.ofcom.org.uk/internet/terms-of-reference
[140] OFT [2010] Online targeting of advertising and prices: A market study.
http://www.oft.gov.uk/shared_oft/business_leaflets/659703/OFT1231.pdf
[141] Onay, Isik [2009] Regulating webcasting: An analysis of the Audiovisual Media Services Directive and the current broadcasting law in the UK, *Computer and Telecommunications Law Review*, 25, pp. 335-351.
[142] Oxman, Jason [1999] The FCC and the Unregulation of the Internet, *OPP Working Paper*, No.31, FCC Office of Plans and Policy.
[143] Palfrey, John G. and Rogoyski, Robert [2006] The Move to the Middle: The Enduring Threat of "Harmful" Speech to Network Neutrality, *Berkman Center for Internet and Society Research publication*, No. 2006-8.
[144] Perloff, Jeffrey M. [2006] Cartel, *Journal of Industrial Organization Education*, Vol. 1, Issue 1, Article 6.
[145] Price, Monroe E. [2002] *Media and Sovereignty: The Global Information Revolution and Its Challenge to State Power*, MIT Press.
[146] Prosser, Tony [2008] Self-regulation, Co-regulation and the Audio-Visual Media Services Directive, *Journal of Consumer Policy*, Vol. 31, Issue 1, pp. 99-113.
[147] RAND Corporation [2008] Options for and Effectiveness of Internet Self- and Co-Regulation.
http://www.rand.org/pubs/technical_reports/TR566.html
[148] RAND Europe [2009] Review of the European Data Protection Directive.
http://www.rand.org/pubs/technical_reports/TR710.html
[149] Reidenberg, Joel R. [1998] Lex Infomatica: The Formulation of Information Policy Rules Through Technology, *Texas Law Review*, Vol. 76, No.3.
[150] Ridgway, S. [2008] The Audiovisual Media Services Directive – what does it mean, is it necessary and what are challenges to its implementation. *Computer and Telecommunications Law Review*, 14（4）.
[151] Roe, Mark J. [2003] Delaware's Competition, *Harvard Law Review*, Vol. 117, pp. 588-.
[152] Roßnagel, Alexander（三瀬朋子訳）[2007]「ドイツおよびEUにおけるインターネット・プライバシーの自主規制」東京大学COESOFTLAW-2007-8.
[153] Sachs, Stephen E. [2005] From St. Ives to Cyberspace: The Modern Distortion of

the Medieval 'Law Merchant', bepress *Legal Series*, Working Paper 529.
[154] Schulz, Wolfgang and Held, Thorsten [2004] *Regulated Self-Regulation as a Form of Modern Government*, John Libbey.
[155] Senden, Linda [2005] Soft Law, Self-Regulation and Co-Regulation in European Law: Where Do They Meet?, *Electronic Journal of Comparative Law*, vol.9.1.
[156] Sharpe, Nicola and Arewa, Olufunmilayo [2007] Is Apple Playing Fair? Navigating the iPod FairPlay DRM Controversy, *Northwestern Journal of Technology and Intellectual Property*, Vo.5, No.2, pp. 331-349.
[157] Slater, Derek et.al. [2005] Content and Control: Assessing the Impact of Policy Choices on Potential Online Business Models in the Music and Film Industries, *Harvard Law School Digital Media Project Research Paper*. http://cyber.law.harvard.edu/media/files/content_control.pdf
[158] Solove, Daniel J. [2007] *The Future of Reputation: Gossip, Rumor, and Privacy on the Internet*, Yale University Press.
[159] Spang-Hanssen, Henrik Stakemann [2008] Translation of Danish ('thepiratebay.org') case: IFPI Denmark v. DMT2 A/S (Frederiksberg Fogedrets Kendelse FS 14324/2007, 5 February 2008) [Bailiff's Court of Frederiksberg (Copenhagen)]. http://ssrn.com/abstract=1093246
[160] Sunstein, Cass R. [2008] Irreversibility, *Harvard Public Law Working Paper*, No.08-25.
[161] Tambini, Damian et.al. [2008] *Codifying Cyberspace: Communications self-regulation in the age of Internet Convergence*, Routledge,
[162] Tan, Johanna G. [2008] A Comparative Study of the APEC Privacy Framework- A New Voice in the Data Protection Dialogue?, *Asian Journal of Comparative Law*, Vol. 3, Issue 1, Article 7.
[163] Turow, Joseph et.al. [2007] The Federal Trade Commission and Consumer Privacy in the Coming Decade, *I/S: A Journal of Law and Policy for the Information Society*, 3: 3, pp. 723-750.
[164] Turow, Joseph et. al. [2009] Americans Reject Tailored Advertising and Three Activities that Enable It, Available at SSRN: http://ssrn.com/abstract=1478214
[165] Van Eijk, Nico et.al. [2010] Moving Towards Balance: A Study into Duties of Care on the Internet, Available at SSRN: http://ssrn.com/abstract=1788466
[166] Venkataramu, Ramya [2007] Analysis and enhancement of Apple's Fairplay digital rights management, *A Project Report Presented to The Faculty of the Department of Computer Science San Jose State University*. http://www.cs.sjsu.edu/faculty/stamp/students/RamyaVenkataramu_CS298Report.pdf
[167] Venkataramu, Ramya and Stamp, Mark [2010] P2PTunes: A peer-to-peer digital rights management system.

http://www.cs.sjsu.edu/faculty/stamp/papers/Ramya_paper.doc
[168] Wales, Tony [2009] Industry self-regulation and proposals for action against unlawful filesharing in the UK: Reflections on Digital Britain and the Digital Economy Bill.
http://www.oii.ox.ac.uk/publications/IB5.pdf
[169] Weiser, Philip J. [2009] The Future of Internet Regulation, *UC Davis Law Review*, Vol. 43, pp. 529-590.
[170] WFA [2009] Global Principles for Self-Regulation in Online Behavioral Advertising.
http://www.wfanet.org/media/news/60/428/WFAGlobalPrinciplesBehaviouralAdvertising.pdf
[171] Willoughby, Kelvin et.al. [2008] Should Apple Open Up Its 'FairPlay' Digital Rights Management System? Untangling the Knot of Copyright and Competition Law for Online Businesses, *Working Paper for the European Intellectual Property Institutes Network*.
http://web.me.com/drwilloughby/Professor_Kelvin_W._Willoughby/Selected_Publications_files/Apple_FairPlay.pdf
[172] Winn, Jane K. [2010] Electronic Commerce Law: Direct Regulation, Co-Regulation and Self-Regulation, *Cahiers du CRID*, September 2010. Available at SSRN: http://ssrn.com/abstract=1634832
[173] Wu, Tim [2010] *The Master Switch: The Rise and Fall of Information Empires*, Knopf.
[174] Wu, Tim [2011] Agency Threats, *Duke Law Journal*. Vol. 60, pp. 1841-1857.
[175] Zittrain, Jonathan [2003a] Be Careful What You Ask For: Reconciling a Global Internet and Local Law, *WHO RULES THE NET?: Internet Governance and Jurisdiction*, (Adam Thierer and Clyde W. Crews eds.) Cato Institute, pp. 13-30.
[176] Zittrain, Jonathan [2003b], Internet Points of Control, *Boston College Law Review*, Vol. 44, No.2, pp. 653-688.
[177] Zittrain, Jonathan [2006a] A History of Online Gatekeeping, *Harvard Journal of Law and Technology*, Vol. 19, No.2, pp. 253-298.（邦訳：成原慧・酒井麻千子・生貝直人・工藤郁子訳［2010］「オンライン上のゲートキーピングの歴史（1）（2）（3）」知的財産法政策学研究, Vol. 28, 29, 30.）
[178] Zittrain, Jonathan [2006b] The Generative Internet, *Harvard Law Review*, Vol. 119, pp. 1974–2040.
[179] Zittrain, Jonathan and Palfrey, John [2010] Reluctant Gatekeepers: Corporate Ethics on a Filtered Internet, *Access Controlled: The Shaping of Power, Rights, and Rule in Cyberspace* (Ronald Deilbert et.al. eds.) MIT Press, pp. 103-122.
[180] 青木昌彦（瀧澤弘和・谷口和弘訳）［2003］『比較制度分析に向けて 新装版』NTT出版.
[181] 秋山美紀［2002］「メディア融合と規制——英国における新通信法案と新規制機関

『OFCOM』創設を中心として」公益事業研究 54 巻 2 号，pp. 21-32.
- [182] 芦部信喜［1998］『憲法学Ⅲ人権各論（1）』有斐閣．
- [183] 安心ネットづくり促進協議会［2010］「児童ポルノ対策作業部会 法的問題検討の報告」．http://good-net.jp/modules/news/uploadFile/2010032936.pdf
- [184] 石井夏生利［2008］『個人情報保護法の理念と現代的課題——プライバシー権の歴史と国際的視点』勁草書房．
- [185] 石井夏生利［2010］「ライフログをめぐる法的諸問題の検討」情報ネットワーク・ローレビュー 9 巻 1 号，pp. 1-14.
- [186] 市川芳治［2008］「欧州における通信・放送融合時代への取り組み——コンテンツ領域：『国境なきテレビ指令』から『視聴覚メディアサービス指令』へ——」慶應法学 10 号，pp. 273-297.
- [187] 井奈波朋子［2008］「プロバイダの責任に関するフランスの裁判例」社団法人著作権情報センター講演資料．http://www.itlaw.jp/CRIC200807.pdf
- [188] 内田貴［2010］『制度的契約論——民営化と契約』羽鳥書店．
- [189] 大屋雄裕［2010］「透明化と事前統制／事後評価」ジュリスト 1394 号，pp. 37-42.
- [190] 岡村真吾［2008］「携帯電話フィルタリングをめぐる最近の動き」ジュリスト 1361 号，pp. 32-41.
- [191] 小倉一志［2007］『サイバースペースと表現の自由』尚学社．
- [192] 風間規男［2008］「規制から自主規制へ——環境政策手法の変化の政治学的考察——」同志社政策研究 2 号，pp. 46-62.
- [193] 加藤敏幸［2005］「プロバイダ責任制限法について（上）」関西大学総合情報学部紀要 情報研究 22 号，pp. 67-90.
- [194] 神田秀樹［2004］「企業と社会規範：日本経団連企業行動憲章や OECD 多国籍企業行動指針を例として」東京大学 COESOFTLAW-2004-15.
- [195] キム，ジョン［2011］『ウィキリークスからフェイスブック革命まで 逆パノプティコン社会の到来』ディスカヴァー・トゥエンティワン．
- [196] 後藤玲子［2003］「デジタル経済の秩序形成」須藤修・出口弘編『デジタル社会の編成原理 国家・市場・NPO』NTT 出版，pp. 44-79.
- [197] 小向太郎［2011］『情報法入門 デジタル・ネットワークの法律第 2 版』NTT 出版．
- [198] 清水直樹［2007］「放送番組の規制の在り方」国立国会図書館調査と情報 ISSUE BRIEF, No.597.
- [199] 清水直樹［2008］「情報通信法構想と放送規制をめぐる論議」レファレンス，平成 20 年 11 月号，pp. 61-76.
- [200] ジャンヌネー，ジャン-ノエル（佐々木勉訳）［2007］『Google との闘い——文化の多様性を守るために』岩波書店．
- [201] 新保史生［2010］「ライフログの定義と法的責任——個人の行動履歴を営利目的で利用することの妥当性——」情報管理 53 巻 6 号，pp. 295-310.

［202］庄司昌彦［2009］「青少年ネット規制法と情報社会の政策形成―ネットの安全・安心を求める政府と市場と社会の相互調整―」情報社会学会誌 Vol. 3, No.2, pp. 107-116.
［203］鈴木賢一［2004］「英国の新通信法―メディア融合時代における OFCOM の設立―」レファレンス 2004 年 11 月号，pp. 69-78.
［204］須藤修・出口弘編［2003］『デジタル社会の編成原理 国家・市場・NPO』NTT 出版.
［205］総務省［2007］「通信・放送の総合的な法体系に関する研究会 報告書」.
http://www.soumu.go.jp/menu_news/s-news/2007/pdf/071206_2_bs2.pdf
［206］総務省［2009］「通信・放送の総合的な法体系に関する検討委員会 答申（案）」.
http://www.soumu.go.jp/main_content/000034556.pdf
［207］総務省［2010］「利用者視点を踏まえた ICT サービスに係る諸問題に関する研究会 第二次提言」.
http://www.soumu.go.jp/main_content/000067551.pdf
［208］曽我部真裕［2010］「メディア法における共同規制（コレギュレーション）について―ヨーロッパ法を中心として―」大石眞他編『初宿正典先生還暦記念論文集 各国憲法の差異と接点』成文堂，pp. 637-661.
［209］高橋和之・松井茂記・鈴木秀美編［2010］『インターネットと法第 4 版』有斐閣.
［210］田中絵麻・山口仁［2008］「欧米におけるネット社会の安心・安全に関する取り組み動向―子どものネット利用の拡大と安心・安全対策の現状―」ICT World Review, Vol. 1, No.1, pp. 8-22.
［211］谷口洋志［2003］「政府規制，自主規制，共同規制」中央大学經濟學論纂 Vol. 44（1/2），pp. 35-56.
［212］田村善之［2007］「検索サイトをめぐる著作権法上の諸問題（1）」知的財産法政策学研究 Vol. 16，pp. 73-130.
［213］田村善之［2009］「デジタル化時代の著作権制度：著作権をめぐる法と政策」知的財産法政策学研究 Vol. 23，pp. 15-28.
［214］知的財産戦略本部［2010］「コンテンツ強化専門調査会インターネット上の著作権侵害コンテンツ対策に関するワーキンググループ インターネット上の著作権侵害コンテンツ対策について（報告）」.
http://www.kantei.go.jp/jp/singi/titeki2/tyousakai/contents_kyouka/siryou/20100601wg_houkoku.pdf
［215］張睿暎［2007］「フランス新著作権法（DADVSI）における DRM 規制」企業と法創造 11 号，pp. 117-122.
［216］長塚真琴［2010］「第 III 章 欧州からの反響」財団法人デジタルコンテンツ協会編『コンテンツに係る知的創造サイクルの好循環に資する法的環境整備に関する調査研究―Google Book Search 事件に係る経過・反響・課題―』pp. 24-39.
［217］成原慧［2009］「サイバースペースにおける情報流通構造と表現の自由―米国における『情報流通経路の管理者を介した表現規制』の検討を中心にして―」東京大学大学院情報学環紀要情報学研究 No.76，pp. 137-153.

［218］成原慧［2011］「著作物の技術的保護のための法的規制と表現の自由」社会情報学研究 Vol. 15, No.2，pp. 41-55.
［219］長谷部恭男［2008］「国家は撤退したか　序言」ジュリスト 1356 号，pp. 2-4.
［220］服部まや［2010］「違法ダウンロードに対するインターネット・アクセス制限法制化の動き～フランスの事例を中心に～」KDDI 総研 R&A，2010 年 6 月号．
http://www.kddi-ri.jp/pdf/KDDI-RA-201006-01-PRT.pdf
［221］浜田純一［1993］『情報法』有斐閣．
［222］林紘一郎［2001］「アメリカの Unregulation 政策とわが国の進むべき道」wwvi 国際シンポジウム用ポジション・ペーパー．
http://lab.iisec.ac.jp/~hayashi/wwvi050901.pdf
［223］林紘一郎［2005］『情報メディア法』東京大学出版会．
［224］林秀弥［2008］「情報通信と放送産業のプラットフォーム機能に対する独占禁止法と競争政策上の課題」産研論集 35 号，pp. 101-128.
［225］林秀弥［2010］「知的財産権の不当な行使と競争法」社會科學研究 No.61, Vol. 2, pp. 29-65.
［226］原田大樹［2007］『自主規制の公法学的研究』有斐閣．
［227］ファイル共有ソフトを悪用した著作権侵害対策協議会［2010］「ファイル共有ソフトを悪用した著作権侵害への対応に関するガイドライン」．
http://www.ccif-j.jp/shared/pdf/guideline10Jan.pdf
［228］福家秀紀［2003］「EU の新情報通信指令の意義と課題」公益事業研究 55 巻 2 号，pp. 1-13.
［229］藤田友敬［2008］「ハードローの影のもとでの私的秩序形成」，中山信弘編集代表・藤田友敬編『ソフトローの基礎理論』有斐閣，pp. 227-245.
［230］文化庁［2010］「文化審議会著作権分科会法制問題小委員会　権利制限の一般規定に関する中間まとめ」．
http://www.bunka.go.jp/chosakuken/singikai/housei/h22_shiho_05/pdf/sanko_ver02.pdf
［231］森田宏樹［2008］「プロバイダ責任制限法ガイドラインによる規範形成」ソフトロー研究 12 号，pp. 73-102.
［232］山口いつ子［2010］『情報法の構造―情報の自由・規制・保護』東京大学出版会．
［233］山本敬三［2010］「基本権の保護と契約規制の法理―現況と課題」早稲田大学比較法研究所編『比較法と法律学―新世紀を展望して』成文堂，pp. 96-138.
［234］湧口清隆［2009］「ネットワーク中立性とインターネット上で流通するコンテンツへの課金について―フランスの政策事例から―」メディア・コミュニケーション No. 59, pp. 43-50.
［235］ルーク・ノッテジ［2003］「手続法上の Lex Mercatoria 国際商事仲裁の過去,現在,未来」神戸大学 CDAMS ディスカッションペイパー，03/1J．
［236］和久井理子［2010］『技術標準をめぐる法システム―企業間協力と競争，独禁法と特許法の交錯』商事法務．

［237］渡辺智暁［2010］「ネットワーク中立性におけるマルチステークホルダー・プロセスの役割」情報社会学会誌 Vol. 5, No.2, pp. 57-70.

（ウェブ上の情報については，すべて 2011 年 8 月 1 日に確認した．）

あとがき

　本書で主題とした共同規制という政策手段は，インターネット上で生じるさまざまな問題に対応するにあたって，業界団体やプラットフォーム企業といったコントロール・ポイントが行う自主規制の利点を活かしつつ，その実効性や公正性を担保するために政府が補強措置を提供することにより，公私が共同で問題の抑止と解決を図っていくというものであった．そしてその具体像を描き出し，将来の制度設計の方向性を提示していくために，EU・米国・日本におけるケーススタディと国際的な比較分析，そして著作権やプライバシー，表現の自由をはじめとする多くの法分野の検討を行ってきた．このような過大に広範な作業が未熟な筆者に十分になしえるわけもなく，特に本書では現在進行中の事例を中心に取り扱ったこともあり，大小の見落としがある可能性は無論否めない．間違いや議論の不十分な点に対しては，読者の皆様からのご指摘とお叱りをお待ちしたい．

　内容の不十分さはともかくとしても，規制という行為を公私が共同で管理する方法論には，賛否を含めさまざまな見解が存在するだろう．本書の執筆にあたっても，元となる内容を各種学会のほか，企業や官庁等で報告し，多くの貴重なご意見を賜る機会に恵まれた．自主規制に対して広範な公的統制を及ぼそうとすることは，インターネットに対する過度な政府介入をもたらさないか．「お上」の決定を重要視する日本の風土には，企業の自律的なルール形成を重視する姿勢そのものがなじまないのではないか．あるいは，自主規制に対するインフォーマルな公的介入の過度な形式化を進めることは，変化の激しい情報社会において，柔軟な政策対応を困難にしないか──．たしかに共同規制という方法論は，情報社会における多様な政策課題に対応する唯一最善の手段ではな

く，また諸外国においてもいまだ試行錯誤が続けられている段階である．本書がそれらのご指摘に十分にお応えできているかは定かではない．しかし，いずれにせよ情報社会の実効的なガバナンスを構築し，そして消費者の安全・安心とイノベーションの実現を両立していくにあたっては，公私の協力関係の新しいあり方を構築していく作業は避けられない．本書が今後の政策議論において，微力ながらもお役に立てる部分があるとすれば，何よりも幸いである．

　本書が成立するまでには，多くの方々からご指導とご支援をいただいた．紙幅の都合もありすべての方のお名前を挙げることはできないが，お世話になったみなさまに改めて心からの感謝を申し上げたい．筆者の在籍する東京大学大学院学際情報学府において，博士課程の指導教官をしていただいている須藤修先生，修士時代からご指導をいただいている濱田純一先生，山口いつ子先生は，日々の研究を筆者自身の自主自律に委ねながらも，常に貴重なご示唆と助言を与えてくださった．同大学で開催している情報法・政策勉強会のメンバーには，本書の構想の段階から度重なる報告と活発な議論の機会と，特に同じ博士課程の成原慧氏には，本書の草稿に対して内容・形式の両面から多大なアドバイスをいただいた．慶應義塾大学のジョン・キム先生には，筆者が自主規制という問題の捉え方に拘泥していたころ，共同規制の概念を示して，本書の見通しを拓いてくださったことをはじめとして，研究への姿勢や方法論に関わる多大なご指導を賜ってきた．株式会社KDDI総研のみなさまには，本書の元となる論考の多くをお読みいただき，国際的な制度・政策，実務的視点を交えた数限りないご指導とご支援を受けた．もし本書に，情報通信の実務を主導する方々にとって見るべきところがあったとすれば，それはひとえに同総研のみなさまのおかげである．本書の編集を担当してくださった勁草書房の鈴木クニエ氏は，1冊の書籍としてまとめる作業のすべてを主導してくださった．最後に，研究者という分不相応な道に進もうとする筆者をいつも温かく見守り，応援してくれている両親に感謝を伝えたい．

　1冊の書籍を出版することは，筆者のような駆け出しの研究者にとって，今後の研究のためのスタート地点を設定することにほかならない．本書を書き上げた今何よりも嬉しいのは，本書の執筆を進める中で産官学のそれぞれに問題

意識を共有できる多くの知己を得られたこと，そして取り組みがいのある数限りない新しい課題を発見できたことである．今後さらに研究を深め，できる限り多くの論文を執筆していくことで，お世話になっているみなさまへの，少しなりとものご恩返しとさせていただきたい．

2011 年 7 月 20 日

生貝直人

初出一覧

(本書への収録にあたり，加筆・アップデートを行っている.)

第3章：生貝直人［2011］「EU 視聴覚メディアサービス指令の英国における共同規制を通じた国内法化」情報ネットワーク・ローレビュー Vol. 10, No.1, pp. 1-18.

第4章：生貝直人［2010］「モバイルコンテンツの青少年有害情報対策における代替的規制—英米の比較分析を通じて—」国際公共経済研究 21 号, pp. 92-102.

第5章：生貝直人［2011］「オンライン・プライバシーと自主規制—欧米における行動ターゲティング広告への対応—」情報通信学会誌 96 号, pp. 105-113.

第6章：生貝直人［2011］「プロバイダ責任制限法制と自主規制の重層性—欧米の制度枠組と現代的課題を中心に—」総務省情報通信政策研究所情報通信政策レビュー 2 号, pp. 1-29.

生貝直人［2011］「著作権と自主・共同規制—プロバイダ責任制限法制の現代的課題を中心に—」Nextcom Vol. 5, pp. 22-29.

第7章：生貝直人［2010］「SNS の法的問題と欧米における自主規制による対応」KDDI 総研 R&A, 2010 年 8 月号, pp. 1-17.

索引

■アルファベット

A

ADR（Alternative Dispute Resolution） 116
APEC（Asia Pacific Economic Cooperation） 198-199
Apple 160-174
Article 29 WP（Article 29 Data Protection Working Party, 29条作業部会） 95-96, 147-148
ASA（Advertising Standards Authority） 62, 64-66
ATVOD（The Association for Television on Demand, VOD協会） 62-64
Audible Magic 121
AVMS指令（Audiovisual Media Service Directive（2007/65/EC）, 視聴覚メディアサービス指令） 53-69

B

BBB（Better Business Bureau） 89
BBFC（British Board of Film Classification） 63, 78
BCAP（Broadcast Committee of Advertising Practice） 64-65
BERR（Department for Business, Enterprise & Regulatory Reform） 129
BPO（放送倫理・番組向上機構） 68
Broadband Data Improvement Act 80-81
BTA（Behavioral Targeting Advertising, 行動ターゲティング広告） 86-105

C

CAP（Committee of Advertising Practice） 64-65
Communication Act of 2003（2003年通信法） 24, 61
CDA（Communications Decency Act） 79, 110, 113, 118
CDT（Center for Democracy and Technology） 94
Child Safe Viewing Act 80-81
Children's Online Privacy Protection Act [COPPA] of 1998 89
COPA（Child Online Protection Act） 79
CPRs（Consumer Protection from Unfair Trading Regulations） 98
CTIA（Cable Telecommunications & Internet Association） 79, 93-94

D

DADVSI（Loi sur le Droit d'Auteur et des Droits Voisins dans la Societe de l'Information） 166
Data Protection Directive（95/46/EC） →データ保護指令
DailyMotion 123-124
DCMS（Department of Culture, Media and Sports, 文化・メディア・スポーツ省） 61
DEA（Digital Economy Act） 129-130,

136
DMCA（Digital Millennium Copyright Act） 110, 113-114, 118-119, 159
DPI（Deep Packet Inspection） 45, 127-128
DRM（Digital Rights Management） 43, 158-160
——回避禁止 159, 166
DTI（Department for Trade and Industry） 117

E
ECD（E-Commerce Directive, 2000/31/EC, 電子商取引指令） 57, 110, 115-119, 122-124
ENISA（European Network and information Security Agency, 欧州ネットワーク情報セキュリティ庁） 147
E-Privacy Directive（2002/58/EC）
→電子プライバシー指令
EFF（Electronic Frontier Foundation） 94
Eircom 129
EMA（モバイルコンテンツ審査・運用監視機構） 156-157

F
Facebook 145, 150, 155
FairPlay 160-164
FCC（Federal Communication Commission, 連邦通信委員会） 79-81
Financial Modernization Act of 1999 89
Framework for Global Electronic Commerce 26
FTC（Federal Trade Commission, 連邦取引委員会） 89-94, 153
——法（FTC Act） 90

G
Global Cyber Security Agenda（GCA） 76
GSMA（GSM Association） Europe 75-76

H
Hadopi（Loi favorisant la diffusion et la protection de la création sur Internet） 130
Health Insurance Portability and Accountability Act of 1996 89

I
IAB（Interactive Advertising Bureau） 96-99
ICANN（Internet Corporation for Assigned Names and Numbers） 15, 36-37
ICO（Information Commissioner Office, 情報コミッショナー庁） 96, 99
ICSTIS（Independent Committee for the Supervision of Standards of Telephone Information Services） 76-77
IETF（Internet Engineering Task Force） 15, 37
IMCB（Independent Mobile Classification Body） 77-78
Information Society Directive（2001/29/EC, 情報社会指令） 119, 122
INHOPE 24
INSAFE 24

Intellectual Property Rights Enforcement Directive (2004/48/EC, 知的財産エンフォースメント指令) 119, 122
IPTV (Internet Protocol Television) 56
iPod/iPhone 160
IP アドレス 36-37, 95, 125, 129, 133
IRMA (Irish Recorded Music Association) 129
ISP (Internet Services Provider) 127-130
ISPA UK (The Internet Services Providers' Association) 117
ISTTF (The Internet Safety Technical Task Force) 154-155
ITU (International Telecommunication Union) 76
iTunes 160-174
IWF (Internet Watch Foundation) 118

L
Lex Infomatica 15, 21
Lex Mercatoria 15

M
MoU (Memorandum of Understanding) 65, 129
MPAA (Motion Picture Association of America) 80
MySpace 124, 154-155

N
NAI (Network Advertising Intiative) 90-93
NTD (Notice and Takedown, ノーティス・アンド・テークダウン) 110, 114, 116, 119-121, 125-126, 132
NTIA (National Telecommunications and Information Administration, 商務省電気通信情報局) 81

O
OECD (Organization for Economic Co-operation and Development) 86
Ofcom (Office of Communication, 情報通信庁) 24-26, 61-69, 99, 117, 129-130
OFT (Office of Fair Trading, 公正取引庁) 96-99

P
P2P (Peer to Peer) 127-129, 133
Peer Production 35
PEGI (Pan European Game Information) 78
PII (個人識別情報)/Non-PII (非個人識別情報) 91-92

S
SABAM (Société d'Auteurs Belge – Belgische Auteurs Maatschappij) 127
Safer Internet Program 24, 75, 115, 148-149
SNS (Social Network Services) 98, 142-157

T
TVWF 指令 (Television without Frontier Directive (89/552/EEC), 国境なきテレビジョン指令) 54

U
UGC（User Generated Content）　32, 56,
　　124-127
　──原則　124, 138

V
Viacom　121
VOD（Video on Demand）　56, 61-65

W
WFA（World Federation of Advertisers）
　　99-100

Y
YouTube　121, 123

■ア行
アーキテクチャ　15, 38, 43, 45
位置情報　93-94
一般的監視義務　114-115, 122-123, 128
イノベーション　12, 68
インターネット・ガバナンス　37-38
エンド・トゥー・エンド　31, 111
欧州
　──SNS原則　148-153
　──ガバナンス白書　22
　──司法裁判所　128
　──人権条約　84
　──デジタルアジェンダ　169
応答的規制　1
オプトアウト　88, 95
オプトイン　88, 96
オンライン・コミュニティ　38, 42

■カ行
過剰削除　119-120

過剰遮断　83, 132
カルテル　18, 68, 179
間接的ネットワーク効果　161-163, 168
規制者の代理人　111
規制の影　48, 82-83, 183, 194
規制の実験場　14
業界団体　29-30, 53, 178-179, 189-190
競争法　167-168
共同規制　1-2, 22-26, 38, 60-63, 111, 130,
　　177, 193-194
グーグル　123
クッキー　87-88, 96
クラウド　141, 198
ゲートキーパー　72-73, 180
検索エンジン　118, 188
広告規制　64-65
行動規定（Code of Practice）　74, 76,
　　116-117, 130
コード　15-16, 159, 173
コーポラティズム　27
個人情報保護法　86-87
コンテンツビジネス　158-159
コントロール・ポイント　32-37, 111

■サ行
サードパーティ　32, 72, 151
サイバー法　13
サイバースペース　38
サブリミナル広告　59
自主規制　1, 11, 22-28, 38-50, 60
　規制された──　1
　公的権力の影の下での──　68, 134,
　　170
　サンクション（の影）の下での──
　　135
　調和した──　24

――への逃避　　20, 69, 136, 196
市場の選択　　172
私的検閲　　18, 68, 83
消費者団体　　121, 126, 138, 165
情報通信改革パッケージ　　54
情報の非対称性　　12
紳士協定　　124
スリーストライク　　129-130
青少年ネット環境整備法　　73, 84-85
青少年有害情報　　16, 70-71, 145
制度間競争　　137, 189-190
センシティブ情報　　92, 96
相互運用性（interoperability）　　164, 166, 169-170

■タ行
帯域制限　　130
第三者機関　　73-74
多面市場（Multi-Sided Market）　　161-163, 190
中立性　　16
　　ネットワーク――　　27
著作権侵害コンテンツ検出技術　　121
著作権法（日本）　　132, 135
著作権法（米国）　　113, 120
通信・放送の融合　　53-55
底辺への競争（race to the bottom）　　190
データ保護指令　　95, 122, 128, 147-148
電子商取引指令　　57
　　→ ECD 参照
電子プライバシー指令　　95-96, 122, 128, 147
透明性　　136, 138, 187-193
ドメイン名　　36

■ナ行
認知限界　　191-192
ネットワーク外部性　　30, 156

■ハ行
媒介者（intermediary）　　31, 111
配慮原則　　103
発信国主義の原則　　58
発信者情報　　119
非規制（unregulation）　　27
表現の自由　　16, 68, 83-84, 137, 139
フィルタリング　　72-75, 157
フェアユース　　120-121, 125-126, 133
不可欠施設（essential facility）　　165, 168
プライバシー
　　――コミッティー　　104
　　――ポリシー　　90, 97-99, 103-104, 144-145
プラットフォーム　　30-32, 159-160
ブロッキング　　45, 121-128, 133
プロダクト・プレイスメント広告　　59, 65
プロバイダ責任制限法　　110, 131-133
分散的ガバナンス　　35
放送法　　135
ボトルネック　　72, 179-180

■マ行
マイクロソフト　　93
民主主義の赤字　　27
命令と統制　　12, 111
モニタリング　　19
モバイルコンテンツ　　70-72, 77, 79

■ヤ行
善きサマリア人条項　114, 120
より良い法形成（Better Law Making）
　　22

■ラ行
ライフログ　86-87
流動的領域　12-13, 87
利用規約（Terms of Services, End User
　　Agreement）　16, 41, 120, 124, 138

著者略歴

1982 年埼玉県生まれ．2005 年慶應義塾大学総合政策学部卒業，2012 年東京大学大学院学際情報学府博士課程修了．博士（社会情報学）．慶應義塾大学デジタルメディア・コンテンツ統合研究機構リサーチ・アシスタント，相模女子大学非常勤講師（産業組織論・マクロ経済学），実践女子大学非常勤講師（知的財産論），株式会社 KDDI 総研特別研究員等を経て，現在，情報・システム研究機構新領域融合研究センター融合プロジェクト特任研究員，慶應義塾大学大学院政策・メディア研究科特任助教，特定非営利活動法人クリエイティブ・コモンズ・ジャパン理事，東京藝術大学総合芸術アーカイブセンター特別研究員，総務省情報通信政策研究所特別フェロー等を兼任．本書により電気通信普及財団テレコム社会科学賞奨励賞，国際公共経済学会学会賞を受賞．

情報社会と共同規制
インターネット政策の国際比較制度研究

2011 年 10 月 15 日　第 1 版第 1 刷発行
2013 年 1 月 20 日　第 1 版第 2 刷発行

著　者　生 貝 直 人 (いけがい なおと)

発行者　井 村 寿 人

発行所　株式会社　勁 草 書 房 (けいそう)

112-0005　東京都文京区水道 2-1-1　振替 00150-2-175253
　　　　（編集）電話 03-3815-5277／FAX 03-3814-6968
　　　　（営業）電話 03-3814-6861／FAX 03-3814-6854
　　　　　　　　日本フィニッシュ・青木製本所

©IKEGAI Naoto　2011

ISBN978-4-326-40270-0　Printed in Japan

JCOPY ＜(社)出版者著作権管理機構　委託出版物＞
本書の無断複写は著作権法上での例外を除き禁じられています。複写される場合は，そのつど事前に，(社)出版者著作権管理機構（電話 03-3513-6969，FAX 03-3513-6979，e-mail: info@jcopy.or.jp）の許諾を得てください。

＊落丁本・乱丁本はお取替いたします。
http://www.keisoshobo.co.jp

林　紘一郎・名和小太郎
引用する極意　引用される極意
A5判　2,835円
00033-3

田中辰雄・林紘一郎編著
著作権保護期間
延長は文化を振興するか？
A5判　3,150円
50308-7

林　紘一郎編著
著作権の法と経済学
A5判　4,095円
50253-0

石井夏生利
個人情報保護法の理念と現代的課題
プライバシー権の歴史と国際的視点
A5判　8,400円
40245-8

倉田敬子編
電子メディアは研究を変えるのか
A5判　3,360円
00026-5

倉田敬子
学術情報流通とオープンアクセス
A5判　2,730円
00032-6

―――勁草書房刊

＊表示価格は2013年1月現在、消費税は含まれています。